# 博弈思维

如何在博弈中
让自己获得更多

王力哲◎编著



文化发展出版社
Cultural Development Press

**图书在版编目（CIP）数据**

博弈思维 / 王力哲编著. — 北京 ：文化发展出版社有限公司，2019.8

ISBN 978-7-5142-2736-9

Ⅰ. ①博… Ⅱ. ①王… Ⅲ. ①思维方法—通俗读物
Ⅳ. ① B804-49

中国版本图书馆 CIP 数据核字（2019）第 146752 号

**博弈思维**

编　　著：王力哲

---

责任编辑：岳智勇
产品经理：杨郭君
监　　制：白　丁
出版发行：文化发展出版社有限公司（北京市翠微路 2 号）
网　　址：www.wenhuafazhan.com
经　　销：各地新华书店
印　　刷：天津旭丰源印刷有限公司

---

开　　本：700mm×980mm　1/16
字　　数：195 千字
印　　张：16.5
版　　次：2019 年 8 月第 1 版　2020 年 1 月第 2 次印刷
I S B N ：978-7-5142-2736-9
定　　价：45.00 元

**本书若有质量问题，请拨打电话：010-82069336**

# 前　言

博弈是一个非常重要的词汇，它连接了人们生活的各个环节和各个阶段，是生活中各个元素的一个重要黏合剂，也是人们处理生活事务的重要保障。可以说在生活中每一个人都免不了进行博弈，人们每时每刻都需要制定不同的策略，需要面临不同的行动选择，时刻都计算着自己应该采取哪一种行动方式：比如选择哪一所大学，选择哪一个恋人，选择哪一家公司，选择哪一条道路，选择哪一个老师，选择哪一个专业，选择哪一种工作，选择哪一种表达方式。

有的人做出了正确的选择，很快获得了成功，达到了自己想要的目标；而有的人做出了错误的选择，与个人预期的目标渐行渐远。从某种意义上来说，个人的成功就是建立在正确的博弈基础上的。博弈的一个核心内容就是策略，而策略的制定需要合理的博弈思维。在充满竞争的社会环境中，如何制定合适的博弈策略、如何建立出色的博弈思维显得至关重要，善于运用策略的人是优秀的博弈者，他们具备了强大的博弈思维。反过来说，那些蹩脚的策略使用者往往不具备博弈思维，在面对竞争对手的时候，缺乏有效的应对方法。

博弈思维是指当人们处在博弈之中时，为了实现各个阶段的目标，人们主动运用策略思维的结果。简单来说就是自己做出决策之前需要考虑到自身行为对他人产生的影响，以及他人行为对自己的影响，在衡量这些相互影响之后，采取最终的行动策略。可以说每一个人的目标取决于自己的策略选择，但是个人策略的选择同时取决于他人的策略选择，为了保持这种趋势的合理性，人们需要运用理性思维进行分析，分析各种可能的情况以及备选策略，同时分析他人备选策略的概率，最终保证自己的策略可以收获最大的利益。

博弈思维和运筹学息息相关，可以说博弈论本身就是运筹学的一个重要分支，最开始的时候，人们运用数学方法来研究人际互动中的利害冲突关系，以及这些冲突和竞争中是否存在对自己制胜的最优策略。有人对博弈思维进行了简化，那就是“了解对手将会选择什么方法战胜你，然后想办法战胜对方”。

作为思维方法中比较复杂的一种方法，博弈思维的特点比较明显，比如理论上的多样性、行动上的一次性，在进行决策之前，思维主题往往会尽可能对将要发生的事情进行预估，将可能出现的各种情况预测一遍。博弈思维是一种科学思维，体现了人的理性，博弈思维的一个核心是“理性”，在博弈思维中，参与者和行动者必须是理性的，他们可以运用自己的推理能力确保自己利益最大化。可以说“自利性”是博弈思维的一个基本特点，也是理性人的基本目标。需要注意的是，博弈思维中的“自利”与经济学中的“自利”完全是两个概念，博弈中的自利是一个中性词，不带任何感情色彩，而在经济学中，自利更多体现了贬义。

这种自利性决定了博弈思维往往具有很强的功效性，比如增强自己的分析能力、决策能力，拥有博弈思维的人往往可以做出正确的行动策略和行动方法，确保自己不会轻易走弯路，不会轻易走错路。博弈思维往往可以有效弱化对手的理性判断能力，善于运用博弈思维的人通常会想办法干扰和迷惑对手，会牵制对方的理性决策，确保对方不会干扰和影响自己的目标。博弈思维的另一个核心就是“信息”，博弈思维往往需要运用大量信息，可以说信息是博弈的基础，是发挥博弈思维效果的关键，如果没有充分的信息，那么博弈就会产生误判，甚至落入他人的陷阱。

本书重点谈论了博弈思维，和市面上其他一些专注于讲述博弈论的书籍不同的是，书中更多的是强调不同博弈者之间的策略比拼，强调的是对自身策略的制定，以及对他人策略的预测和分析，并且评估这些策略带来的影响。一些博弈论的书籍可能重点谈论的是博弈模型，谈论的是某一博弈方式，而本书则侧重于描述个人思维的变化与互动，侧重描述的是彼此之间的预测和对决过程。对于思维以及思维方式、思维过程的描述，成为本书在探讨博弈问题时的核心。

整本书的文字相对来说比较通俗有趣，各种博弈的案例也通俗易懂，贴近生活，将一些复杂的专业的博弈理论和博弈思维进行了很好的诠释，读者可以更好地理解其中的内容。作者在描述相关的博弈内容时，往往会由浅入深，由表及里地进行分析，并且注意对相关的案例和理论进行扩展，确保相关内容得到深度挖掘。作为一本强调思维变化和分析过程的书籍，整本书都在避免成为教材风格类图书，而更倾向于打造一本生活趣味很浓的参考书，可以帮助人们更好地调动自己的思维，更好地引导自己的思维来思考和解决生活、工作中遇到的问题。

# 目　录

# 第一章

# 人生就是无数次博弈的集合

GAME

博弈是一门新兴学科，虽然它和数学、统筹学、经济学都有很强的联系，但是在很多时候，人们更愿意将其独立成一个科目进行讨论。

# 从自然博弈到多人博弈

博弈是一门新兴学科，虽然它和数学、统筹学、经济学都有很强的联系，但是在很多时候，人们更愿意将其独立成一个科目进行讨论。而关于博弈的一些知识，基本上可以追溯到古代智慧管理和智慧社交的一些故事上，但是真正意义上重视博弈，产生概念，并且形成一门学科，则需要说起20世纪40年代冯·诺依曼和奥·摩根斯坦出版的《博弈论与经济行为》这部著作，书中首次出现了博弈论的基本概念，以及博弈模型的一些基本内容。

从科学的角度来说，博弈是指拥有绝对理性的个人或者团队在一定条件下，按照特定的规则，选择自己允许且认为合理的策略制定个人的行动，每个人的策略都会产生相应的结果，这就是博弈。一个定义完整的博弈往往包含参与人、规则、结果和支付四个部分。参与人就是博弈的参与者，他们拥有各自的博弈目标、博弈策略和博弈技巧。规则主要是指参与人在博弈各个阶段所进行的信息集合和可选行动集合。结果主要是指每一个参与人按照自己制定的每一种策略采取行动所产生的影响。支付是说每个参与人在每个策略行动产生的结果上所获得的效用。

事实上，剥开博弈身上的神秘外衣，就会发现博弈在生活中几乎无处不在，用一本经典图书《妙趣横生博弈论》的内容简介来描述，应该是这样的："人生是一个永不停息的决策过程。从事什么样的工作，怎样打理一桩生意，该和谁结婚，怎样将孩子抚养成人，要不要竞争总裁的位置，都是这类决策的例子。你不是在一个真空的世界里做决定，相反，你身边全是和你一样的决策制定者。"

按照这种说法，博弈实际上可以分为自然博弈和多人博弈，自然博弈更加看重的是个人或者某一群体与自然之间的博弈，这种自然可以指大自然，也可以指客观发生事件的集合。许多博弈学专家会将"自然"当成单人（可以是单个人，也可以是单个群体）博弈的一个重要假定，简单来说，单人博弈面对的是自然环境或者客观存在的一些现象和发生的事件。比如农夫与自然进行博弈时，自然给出的博弈策略可以是洪水、干旱、冰雹、霜冻、高温，也可以是风调雨顺，而农夫的应对措施就包含了各种防汛、防寒、灌溉，或者干脆选择休息等策略。

消防员遇火灾进行博弈，火灾在博弈的过程中有很多策略，比如化学物品的燃烧、煤气和天然气的燃烧、蜡烛引起的大火、电线短路引发的火灾。消防员在面对不同的火灾策略时，需要制定不同的策略。

可以说自然博弈是每个人都会遭遇到的，只要人们生存一天，就会遇到各种状况，就会想办法与自然做斗争，可以说自然博弈是一种最基本的生存状态，是个人适应自然、适应生活并改造生活的一种基本模式。

在自然博弈中，人们并不一定就是被动承受者，当火灾、干旱、车祸发生的时候，人们才会努力去构想应对的办法。有时候人们也可以提前预测和预防，比如一些有经验的农民会提前对天气和节气进行预测，诸如弄清楚汛期将在什么时间到来，然后做好各种防汛措施，从而尽量将可能造成的损失降到最低。一些高楼会设置各种防火装置，会设置有效的灭火设备以及逃生装置，这样可以将火灾的风险降到最低。在与自然博弈的过程中，经验非常重要，善于积累和学习经验的人，往往可以对自然中的相关状况提前做出预判，并制定切实有效的策略。此外，专业知识以及观察能力也是必要的，专业知识是制定策略的基础，观察自然环境变化、观察事情发生的征兆，则是提前做出防备的保障。

而除了自然博弈之外，还有一种常见的博弈模式——多人博弈，自然博弈实际上更多的是应对自然力量和自然环境造成的影响，就像伐木工人砍伐树木的时候，树木本身并不会进行任何反击，即便大风可能将大树吹往砍伐者这一边，但相对而言基本上都是固定的，而博弈对象如果是人的话，那么对方随时都会做出反击，而且会随着情况的变化而发生策略上的变化。

所谓多人博弈狭义上来说是指两个人以上的博弈，但是从广义上来说，就是指人与人之间的博弈，而这种博弈之所以存在就是因为人具有社会性，每一个人存在于社会当中，都会建立各种各样的社会关系，都会和社会上的其他人发生各种各样的联系。对于任何人来说，他们都需要面对来自其他人的一些影响和刺激。无论是合作关系还是竞争关系，都能够体现出多人博弈的必要性。

比如在公司里，五六个下属都想要获得老板的关注，都想要老板将重要任务交给自己，这个时候，几个人之间就会进行博弈。又或者在办公室里，职员们进行头脑风暴讨论某个议题，这个时候所有参与者都在进行博弈。有时候，参与博弈的人彼此之间存在相互依赖、相互约束的关系，就像一个公司内部，市场部门会给研发部门施压，要求对方提供更新、更具竞争力的产品，这样就可以提升市场部门的工作效率和效益，但是研发部门认为财会部门提供的研发资金不够，根本难以维持内部的创新活动，因此将矛头指向财会部门。财会部门则认为公司的营业额不增反降，根本没有多余的钱用来维持其他的开支，将责任推给市场部门的低效表现上。不仅如此，研发部门也指责市场部门没有及时反馈市场的情况，没有提供真实有效的信息，为公司的研发提供帮助。市场部门则指责财会部门没有合理地分配资金，导致大量的资金浪费在一些不该浪费的地方。在这种复杂的三角关系中，每一个部门都在想办法制定合适的策略。

多人博弈实际上是社会关系下的产物，毕竟任何人都会和身边的人发生联系，都会成为社会运作中的一个环节，无论是企业内部流程中的不同环节，还是整个商业生态供应链中的环节；无论是竞争对手内部，还是合作团队内部，都存在多人博弈的情况。对于人们来说，为了在社会上获得更好的生存机会，他们会制定更为合理的策略，会想办法了解他人的相关信息，并且想办法赢得博弈。在社会体系下，每一个人都不可避免地要和其他人进行博弈，而博弈技术的高低、博弈方式的优劣将直接影响最终的效果。

## 角色选择：理性经济人还是社会人？

经济学家亚当·斯密在《国富论》中说过这样一段话："如果一个人为了自己的利益，能够刺激别人的利己心而自愿替自己做事，他就可以比较容易地达到目的了。任何一个想与别人做买卖的人，都可以先这样提议：请把我所要的东西给我吧，这样你就能从我这里得到你想要的东西。这就是交易的通义。我们依照这个方法，可以获得所需要的大部分帮助。屠夫、酿酒家或烙面师供给我们每天所需的食物和饮料，不是出自恩惠，而是因为他们自利的打算。我们不说唤起别人利他心的话，而改说唤起别人利己心的话。就算我们自己有需要，也要说这样做对他们有利。"

传统的管理理论（古典管理理论）认为人是一种"经济人"（又被称为"理性经济人"），所谓"经济人"是指人的行为具有趋利倾向，每一个人都在追求利益的最大化，而工作者的工作动机就是为了获得更多的报酬。

这种理论认为员工在工作中只是追求经济利益的满足而已，只要给予员工物质上的满足，那么就能调动员工的积极性。正因为如此，"泰罗制”（科学管理）应运而生，企业开始依赖物质利益的刺激来引诱和引导员工工作，驱动员工执行任务，因此金钱实际上成了博弈的最佳方式。

“理性经济人”概念和理论曾占据了经济学和管理学的主流，按照这一理论，人们的任何行为都是从利于自身发展的角度开始的，利他则是一种间接的行为。所有的利他行为都是建立在自身利益获得最大满足的基础上的，只有当每一个人都保持理性，整体的效益才会得到提升，这是集体福利提升的一种表现。

博弈从本质上来说是一种方法论，一旦人们掌握了各种博弈方法，就能够掌握更多的思考方法，对自己所遇到的各种事情和社会现象进行分析，避免自己在博弈中吃亏上当。当然，人们在生活中经常会出现一些思维定式，比如当人们意识到情况对自己不利，或者可能威胁到自己的发展时，就会提醒自己制定一种更加符合自身利益的行动策略。这些策略往往具有很强的针对性，就像某人对自己不利时，自己就会制定富有攻击性的策略给予反击。如果自己觉得内部分配不公平，就会有针对性地提出新的对自己更有利的分配策略。在这里，每一个人都是理性的，且彼此关注，一方的策略显然会受到另一方策略的影响，因此人们更加需要将自己制定的策略和其他人制定的策略集合在一起进行考虑，尽可能寻找一个新的平衡。

考虑到这种均衡策略的需要，每一个人实际上都是社会人，都在受到形形色色的社会关系的影响。随着心理学和行为经济学进行了大量的研究，越来越多的结果都在表明人们在做出经济决策时会受到各种因素的影响，其中影响最大的是思考成本，简单来说就是每一个认知能力中所具备的心理临界极限，情绪上的激动和经验上的成熟与匮乏也是影响决策的关键因素。当这些因素不断发挥着影响力时，决策者就会出现系统的推理误差，从而做出一些不合理的判断和选择。但是越来越多的人意识到人不仅仅是理性经济人，更是一种情感丰富的动物，人的情感并不总是处于理性状态，盲目、贪婪、懒惰、恐惧、冲动等消极状态同样会出现，这些状态会影响人对利益的合理要求。所谓的理性经济人实际上往往会变得非理性，在一些重要的决策上出现失误。

在现实生活中，很多人在制定策略时往往会表现出社会人的一些特质，他们具有自然和社会的双重属性。社会人往往不会单纯地追求金钱收入，不会将个人利益的获得当成唯一。除了在物质方面获得满足之外，他们在心理和社会方面的需求也需要得到满足，他们会对人与人之间的情感、关系进行考量，会展示出理性情感的一些优势，会在制定策略的时候表现出一些社会性，包括对规则的遵循、对自我的准确认知、对他人情感的关照、对身边人的责任体现、对追求他人认同的执着、对社会关系的合理把控等。一个真正意义上的社会人不会贸然将个人利益的满足放在首位，而是会寻求一种利益均衡，即“我这样做，不会伤害到他人，从而引发他人的不满和攻击。我这样做，能够确保他人采取更加友善的策略来针对我，使得双方不会陷入缠斗的困境”。

有关理性经济人和社会人的描述，一个最简单的例子就是合作问题，有的人一味追求个人利益，而忽略对集体利益的关注，甚至为了追求私利而损害集体利益。但是聪明的人会注重团队和集体内其他成员的利益，会懂得以集体利益为先。因为他们明白，当自己盲目追求个人利益的时候，其他人可能会采取一系列策略来阻止自己这么做。或者想办法将自己赶出团队。反过来说，当自己全身心投入到团队工作，以集体利益为先的时候，其他人反而会表现出更大的合作倾向，会想尽一切办法来让自己获得更多的发展机会。在这里，一味追求个人利益的人就是理性经济人，以集体利益为先的人就是社会人。

在现实生活和日常博弈中，人们更应该扮演社会人的角色，而不是理性经济人的角色，如果按照理性经济人的思维去制定策略，那么个人不仅难以实现个人利益最大化的目标，还会导致自己最不希望看到的策略结果。

## 从囚徒们的思维困境开始谈起

美国芝加哥的Uber司机一直都觉得自己的收入偏低，于是打算进行一场大罢工，以此来要挟Uber公司提高自己的收入，比如他们曾经提过一个建议，在Uber公司的APP上设置一个小费的选项，起步价和每英里的价格也需要提高。但是对于Uber公司来说，此举无疑会损害其利益，对其长远的发展也不利。

可是在大罢工开始的时候，许多人并没有打算参加，因为司机们非常清楚一个事实，参加大罢工的司机越多，那么城市里的Uber司机就会越少，相应地，没有参加罢工的司机必定会拉到更多的顾客，因此收益会比平时高出许多。而且参加罢工的时间越长，对于不参加罢工的司机来说，情况就越有利。

另外，当用车的需求量增大，超过Uber司机的数量时，Uber公司就会启动“浮动定价”，每英里的费用会提高，而这个制度对于那些不参加大罢工的司机来说无疑是非常具有吸引力的。

不过如果大量Uber司机不参加大罢工行动，那么大罢工活动必定会受到影响，罢工活动无法引起社会的关注和Uber公司的注意，最终Uber司机还是没有办法在谈判中掌握主动权，也仍然将面对过去那种低收入的困境。

很显然，对于芝加哥的每一个Uber司机来说，他更加希望其他司机去参加大罢工，为整个群体奔走呼号，争取到更多的利益，而自己则能够拉到更多的客人挣钱。可是当所有人都这么想的时候，可能会出现所有人或者大部分人不去参加大罢工的情况，这样一来街道上的Uber司机仍然会很多，生意依然会很差，而且自己预期的那些权益也无法从Uber公司那儿争取到。这似乎是一个非常大的问题，也是无法顺利解决的困境。

事实上，面对类似的问题时，学者们很早就进行过相关的思考。早在1950年，美国兰德公司的梅里尔·弗勒德和梅尔文·德雷希尔就提出了类似困境的理论，当然，他们意识到这种情况的复杂性，所以设置了一个比较清晰的模型，并且以囚徒作为例子进行解释。

心理学家阿尔伯特·塔克（一位顾问）之后提出了一种设想：两个共谋的犯人一同被抓进监狱，警察将他们分别关在不同的牢房里审讯，并且两个人之间无法进行有效沟通。由于证据不足，警察一直想方设法让犯人自己招供，于是分别对犯人进行了劝说。警察给出了几种选择，如果两个人都不承认罪行，他们将各自获刑1年。如果两人都坦白罪行，他们都将获刑8年。如果其中一人坦白，而另一人不承认，那么坦白的人将无罪释放，而拒不承认的人将获刑10年。

在这些选择中，最佳的模式就是双方一同抵赖，这样两个人只会被各判刑1年，但是问题在于双方都不能保证彼此背叛，如果其中一人选择了抵赖，而另一人选择坦白，那就意味着抵赖的人将会遭遇严惩，而坦白者什么事情也没有。在有可能出现的这种失衡局面面前，谁都不敢保证对方不会出卖自己，尤其是在无法沟通的前提下，两个犯人开始陷入思维的困境。他们应该怎么做呢？如果他们对于彼此的想法都有所了解的话，那么选择坦白是最理想的策略。

比如，当某一个犯人采取坦白姿态时，无论对方做什么选择，都不会加重自己的判刑。比如对方选择坦白，双方就会因为坦白而各自被判8年。如果对方选择抵赖，那么情况更有利于自己，自己可以直接被释放。很显然，这是一个非常稳定的策略，无论对方如何做出选择，自己都不至于让情况变得更加糟糕。

囚徒困境中的参与者往往面临两种决策，合作或者背叛，而这两种不同的决策将会产生不同的策略组合和结果。从某种意义上来说，囚徒困境实际上是理性经济人之间的一种博弈，每一个参与者都渴望确保自身利益的最大化，但是当所有参与者期待着自己能够获得最大利益的时候，很有可能最终的结局对所有人都不利，因为人们很有可能会在博弈的过程中做出改变，而这种改变会直接对他人的策略产生影响，这种影响很有可能就是消极的。

认真分析的话，囚徒困境往往有两个假设条件，第一个条件是参与者必须都是理性经济人，简单来说，即参与博弈的人都主张追求个人利益的最大化，或者说都主张追求个人利益为先，这样一来，大家就有可能在博弈中形成相互制约、相互影响的基础，而这种影响恰恰会将参与者推入困境；第二个条件是参与者之间不存在信息沟通，这样大家都不清楚他人将会做出什么策略。信息缺乏是导致个人进入囚徒困境的直接因素，由于每个人都是理性经济人，他们会不顾一切地制定最能带来效益的策略，可是由于不清楚自己的策略是否与他人的策略产生了冲突，以致局面失控。

需要注意的是，在各种有关博弈的问题中，囚徒困境是一个最基本的模型，里面涉及的竞争、合作、背叛等元素或多或少都概括了人们在生活中的各种遭遇，而从这个模型开始，往往可以衍生出各种各样不同的博弈模型。而这些模型中，人们需要充分运用博弈思维来寻求破解的方法，在各个博弈参与人之间找到一种均衡。

## 纳什均衡下的思维模式

囚徒困境是博弈中的一个基本模型，也是人们在日常生活和工作中遭遇到的一个常见问题，对于那些理性经济人来说，如何走出囚徒困境往往很困难。而如何避免囚徒困境给各个参与者带来的不良影响，也成了破局者最关心的问题。想要解决这些问题，就要对囚徒困境进行更为深入的分析。

首先从囚徒困境中可以知道，每一个犯人都有坦白和抵赖两种策略，因此双方之间可以形成四种组合，它们分别是：第一个囚犯坦白，第二个囚犯抵赖；第一个囚犯坦白，第二个囚犯坦白；第二个囚犯坦白，第一个囚犯抵赖；第一个囚犯抵赖，第二个囚犯抵赖。

在这些策略中，选择坦白的策略往往是最稳定的，这个时候就形成了一种均衡，即纳什均衡。纳什均衡是指参与者形成了一种策略组合，在这个策略组合当中，任何参与者如果试图单独改变自己的策略都不会获得什么好的结果。换句话说，在制定某个策略后，双方都不愿意做出调整。

囚犯坦白策略就是一个纳什均衡，在双方都坦白之后，任何一方改变策略都会对自己不利，因此双方坦白就是一个均衡。纳什均衡在博弈思维中非常重要，是人们确保自身决策和他人决策达成一个相对稳定的、安全状态的重要因素。纳什均衡是所有参与者所采取的最佳策略构成的策略组合，这就像经济学中的供求关系一样，对于供应商来说，当然是供应越多越好，这样往往能够有效提升自己的效益。但是对于需求一方来说，产品不能太多，也不能太少。供与求应该达到一个平衡，一旦供方提供的产品超出了市场的需求量，那么产品的价格必定会下降。同样地，一旦供方的产品数量少于市场需求，那么产品的价格就会上涨。想要维持供求方的平衡，那么就要达到一个均衡的供需状态。纳什均衡就是这样一种类似的状态，参与博弈的人未必能从中获得最大化的利益，但是从整体来说，这些利益获得是最优的，是最有保障的。

在日常生活和工作中，纳什均衡几乎随处可见，而且不同的博弈事项中存在不同的纳什均衡。比如两个合伙人张先生和胡先生准备进行投资，并且将目光锁定在A项目和B项目上，两个人可以投资A项目，但是鉴于这个项目比较复杂，需要两人进行通力合作，盈利一共为6000万元。或者也可以投资B项目，由于这个项目难度不算太大，投资人完全可以单独完成。其中单独完成的投资者获利是2000万元，合作完成的获利共为4000万元。

那么在接下来的投资中，两人将会出现四种投资模式，即出现四种投资策略组合：

第一种，两人选择合作投资A项目，获利6000万元，然后每人分到3000万元。

第二种，张先生更倾向投资A项目，他甚至觉得自己可能有机会单独挑战这个项目。但是对于胡先生来说，投资A项目存在一定的难度和风险，还不如投资B项目，这样获利更加稳定。因此最终的结果是张先生投资失败，什么利润也没有获得，而胡先生在B项目上获利2000万元。

第三种，胡先生更倾向于投资A项目，而张先生相对保守，选择投资B项目，那么最终的结果是胡先生投资失败，没有获得利润，而张先生在B项目中则能获利2000万元。

第四种，两个人都准备投资B项目，这个时候双方分别可以获得2000万元的利润。

如果认真进行分析，就会发现在这四种策略组合中，存在两个纳什均衡：第一种策略组合和第四种策略组合。在第一种策略组合当中，双方都打算合作A项目，这个时候，双方的获利最高，任何一方改变策略，都会导致另一方行动失败，同时减少自己的获利。在第四种策略组合中，双方都打算投资B项目，其中任何一个人妄图改变策略，投资A项目，都会对双方的利益造成冲击。改变策略的那个人将会一无所获，而对方的收益不会受到任何负面影响。这两种策略组合都属于纳什均衡，也是双方在思考彼此选择的过程中产生的一个比较合理的决策。

纳什均衡实际上有效驳斥了理性经济人的说法，它更倾向于要求人们变成社会人，这样才能确保自己的策略保持稳定，才能确保自己拥有一个更稳定的目标，以及实现这个目标的稳定方法。作为一种非合作博弈状态，纳什均衡的出现不仅帮助人们摆脱了囚徒困境，还为之后的博弈论以及博弈思维的发展奠定了基础。如果说囚徒困境是博弈的基本模型，那么纳什均衡就直接促进了博弈论的产生，直接引发了博弈思维的进化。

正如同经济学家克瑞普斯在《博弈论和经济模型》一书的引言中所说的那样，“在过去的一二十年内，经济学在方法论以及语言、概念等方面，经历了一场温和的革命，非合作博弈理论已经成为范式的中心……在经济学或者与经济学原理相关的金融、会计、营销和政治科学等学科中，现在人们已经很难找到不懂纳什均衡能够‘消费’近期文献的领域。”

## 博弈思维的起点就是知己知彼

在博弈中，信息是最重要的元素之一，任何一种策略的制定、任何一个决策的产生，都是建立在掌握信息的基础上的。可以说，博弈首先是一场信息战，谁掌握的信息更丰富、谁掌握的关键信息越多，那么谁就可以在博弈中掌握更大的主动权。考虑到博弈思维是对自己行动策略的分析、对他人策略的预测，以及他人策略可能对自己带来影响的一种思维方式，它必定要运用更多的信息来支撑。

这些信息的掌握包含了两点：第一点是掌握自己的信息，主要指的是对自身的相关资源、要素和优势进行精准把握，这种把握往往包含了自我认知的特性。对于那些自我认知不足，或者对自己缺乏信心的人，往往会在博弈中出错，因为信息不充分甚至信息出现错误，很有可能会导致自己出现了错误的定位，做出不合理的策略和决策。

第二点则是对参与博弈的其他人的信息进行收集和掌握，包括了解对方的立场和思考模式，了解对方的博弈方法，了解对方是如何看待这一次博弈的，以及对方将如何制定策略。在博弈中，了解他人非常重要，因为他人的信息直接决定了可能使用的策略，而他人的策略又直接影响了自己的策略，这种影响反过来又会成为他人后续进行博弈的一个前提。

总的来说，就是要在博弈中做到知己知彼，这是博弈思维中的重要形式。在囚徒困境中就是如此，如果囚犯A和囚犯B在犯罪之前就约定好了，一旦被抓，双方都要矢口否认，那么想要破解囚徒困境就会比较简单。自然而然，双方可能还需要做到彼此了解，囚犯A知道囚犯B是一个重情重义的人，是一个说一不二的人，这个时候他就会选择说自己没有犯罪，而囚犯B肯定也会如此。又或者囚犯A一直都认为囚犯B不怎么靠谱，为人比较胆小，还喜欢出卖他人（囚犯B知道囚犯A想要否认犯罪），那么囚犯B肯定会选择承认罪行，这种情况下，囚犯A最好的方式就是承认罪行。当两个囚犯对自己以及对方都比较了解时，囚徒困境也就不存在了。

在现实生活中，由于认知模式、知识结构、知识水平、社会地位、环境和背景等因素的影响，人们经常会在信息收集工作中遭遇困难，甚至存在一些先天的缺陷，但即便如此，人们仍旧需要想办法掌握更充分的信息，常见的做法就是建立多边思维，即意识到参与博弈的并不是双方，可能还存在第三方。比如员工与企业进行谈判的时候，往往处于弱势地位，原因就在于企业或者企业家总是掌握更多的信息，他们不仅了解员工的基本情况，知道他们在想些什么，知道他们有什么目的，还知道他们的弱点是什么，但是员工对于企业家并不那么了解，更不清楚他们制定的工资、福利标准是否合理，入职以后能否还可以得到进一步的提升。

在信息不对称的情况下，员工很难在谈判中获得什么优势，但是工会组织往往可以帮助员工收集更多的信息，他们会代表员工直接与企业家进行谈判，在这个时候，工会组织的代表实际上对企业家的相关信息更为了解，对谈判中应该注意的问题也非常明了，对企业发展状况和一些基本的信息都有所了解，这样一来，他们就可以在博弈中更加从容不迫，游刃有余，更好地预测和分析企业家所采取的策略。

在商场上更是如此，企业之间、商人之间的博弈都是建立在信息充分的基础上的，谁的信息更为充分，谁掌握的信息更为关键，谁就更有机会占据先机。比如在2005年，苹果公司推出了一款名为Nano的新款iPod，当时这款新产品使用了一款快闪存储器，它比市面上任何一种产品的快闪存储器都大得多，这是该产品最大的优势。

在推出这款产品之前，苹果公司CEO库克特意对市场进行了调查，发现其他竞争对手也对研究快闪存储器产生了兴趣，他意识到这是一个商机，但是自己绝对不能立即表现出迫不及待的样子，必须尽可能隐藏自己的动机。所以他花几年时间进行部署，直接向三星公司和海力士公司预付了12.5亿美元来订购快闪存储器，此举直接垄断了未来几年市场上快闪存储器的供应量。等到2005年，库克推出Nano时，很多竞争对手纷纷想要推出同类产品，这个时候却发现自己的意图早就被库克识破了，此时的市面上根本购买不到快闪存储器。

在博弈中，知己知彼是保证自己制定科学策略的关键，知己可以确保自己不会制定一些不合理的策略，确保自己不会失去对事物的基本认知。知彼则体现出了个人对他人策略的窥探，对他人下一步即将采取的行动的预测，知己知彼可以有效提升个人决策的科学性和针对性。

比如美国著名的总统罗斯福是一个非常有才华的人，很多人都乐于和他进行对话、交谈，因为他们总是觉得罗斯福能够在对话中知道自己想要说的东西，能够说出一些让自己感到非常愉悦的话。不仅如此，人们发现在讨论某个话题或者争执某件事情的时候，罗斯福总是能够找到说服他人的方法。许多人认为这是因为罗斯福是一个语言天赋很高的人，事实上，罗斯福不但口才出众，更难能可贵的是，他在接待客人、会见朋友，或者讨论某个重要话题之前，都会对参与沟通的人进行了解，收集对方的信息，这样就能够更加有效地保障谈话的质量和效用。

显而易见，信息是博弈中的一个重要组成部分，也是博弈思维能够产生效果的基础，如果不能掌握足够的信息，不能做到知己知彼，那么个人的策略也容易出现错误。

## 寻找优势策略和劣势策略

在日常博弈中，通常分成两种情况，一种是博弈双方存在先后顺序，一方先制定策略，并采取行动，另一方依据对方制定的策略和行动采取相应的措施。在这一类博弈中，观察能力、分析能力以及应变能力至关重要，博弈者需要采取向前展望的姿态，对对方的行动进行评估，进行有效推理，决定自己应该怎么做。在整个预测和推理中，推理的逻辑应该是："如果我选择这么做，对方就会那样去做，而接下来我需要这样做出反击。"在这种模式中，人们的行动实际上取决于对方上一步的行动，每个人的策略实际上建立在他人行动策略的基础之上。

当博弈存在先后顺序的时候，人们可以有比较明确的参照，即看看别人是怎么做的。但另一种情况是，有时候博弈是同时产生的，博弈双方同时采取行动，没有任何人会了解对方究竟在想些什么，没有人会了解对方的计划。观察对方的行动和策略已经不起任何效果，唯一的方法就是进行预测和分析，进行更为细致的推理，此时需要进行换位思考。按照这样的思维模式，博弈者实际上要扮演两个不同的角色，即自己和他人。而整个博弈思维的推理模式应该是这样的："我认为他会认为我认为……"为了获得最佳的行动方案，人们需要打破这种循环，找到一个优势策略，并且剔除那些劣势策略。所谓的优势策略实际上是指比其他策略更具优势的策略，所谓的劣势策略是指比其他策略更占劣势的策略。

在博弈思维中，最基本的法则就是寻找优势策略和劣势策略，当博弈开始之后，人们需要检查自己是否具备优势策略，如果有的话就要想办法选择优势策略。人们还需要检查自己是否拥有劣势策略，如果有的话，就要想办法立即剔除这些劣势策略。

可口可乐公司与百事可乐公司一直都相互竞争，为了赢得市场，两家公司准备推出新口味的可乐，樱桃味和柠檬味的可乐成了比较好的选项。当然，为了避免自己搞砸，两家公司都想办法选择其中一项进行尝试。两家公司都对市场进行调查，发现20%的消费者愿意尝试柠檬味的可乐，80%的消费者更加青睐樱桃味的可乐。

百事公司做出推测：如果可口可乐决定生产樱桃味的可乐，那么我就生产柠檬味的可乐，这样就能获得整个柠檬味可乐市场的消费者，即20%的人。一旦我也决定推出樱桃味可乐，那么双方可能会平分市场，即各获得40%的消费者，又或者自己会获得少于40%的市场（因为可口可乐原有的市场更大）。通过对比可以发现，此时推出樱桃味可乐对百事可乐公司实际上更加有利。

如果可口可乐决定生产柠檬味的可乐，我也跟风生产同样口味的可乐，那么我最多只能获得10%的市场。而如果我能够推出樱桃味的可乐，那么我能够获得80%的市场。这个时候，就会发现推出樱桃味可乐对百事可乐更为有利。

在这个推测中，百事可乐可以明确地知道百事公司应该推出樱桃味可乐，这是一个优势策略，其他任何一种策略都无法获得同等的效益。而对于可口可乐公司来说也是一样，生产樱桃味可乐是优势策略。

寻找优势策略是博弈中需要重点把握的原则，人们需要找到一种比其他任何策略都更为有利的策略，而这种策略毫无疑问会帮助自己掌握更多的主动权，毕竟当优势策略产生的最坏结果也要比其他策略更占优势时，人们的行动会变得更加高效。

与寻找优势策略相对应的就是剔除劣势策略，考虑到每一个人都有多种策略可选择，但是又无法一一进行尝试，最好的办法就是想办法剔除那些劣势策略，这也是寻找优势策略的一个重要保障。但并不是所有的优势策略都值得去把握，也不是所有的优势策略能够产生最佳的结果，就像囚徒困境中的囚犯一样，两个人同时坦白是优势策略，但对于个人来说，自己坦白，对方矢口否认，才会产生对自己最有利的结果。

此外，在很多博弈中，并不存在什么优势策略，也就是说相关的策略可能都存在差不多的效果，没有一种策略是特别占优的。面对这种特殊的情况，寻找并剔除那些劣势策略就显得尤为重要了。就像一个人在面对竞争对手时，既然找不到有效打压和压制对方的办法，那么就要想办法找出缺点，避免被对方压制。

比如某个小企业准备投资两个项目，而一家大企业也有这样的打算，竞争已经不可避免。为了减少自己的风险，小企业拥有多种策略，第一种是小企业和对方同时投资项目一，这个时候自己的盈利为50万元，对方的盈利为950万元；第二种是小企业投资项目一，大企业投资项目二，小企业的盈利为200万元，大企业的盈利为1000万元；第三种是小企业投资项目二，大企业投资项目一，小企业盈利为200万元，大企业盈利为1000万元；第四种是小企业投资项目二，大企业也投资项目二，小企业的盈利为200万元，大企业的盈利为1000万元。

由于项目一的市场比较有限，总共只有1000万元的盈利空间，只有大企业和小企业两家公司有投资意向，因此大企业和小企业会直接发生冲突。而项目二的潜力非常大，很多企业都可以进行投资，小企业可以尽最大努力获得200万元的盈利。而大企业也可以按照自己的最大努力获得1000万元的盈利，双方并不会发生冲突。

在这个时候，无论是对小企业还是大企业来说，并没有什么优势策略存在，而共同投资项目一实际上成了双方唯一的劣势策略。对于小企业和大企业来说，它们应当尽量避免同时进入项目一进行投资，其中大企业必定会率先将目光锁定在项目二上。

对于一些比较复杂的博弈来说，可能存在非常多的策略选择，这个时候，想要找出优势策略和劣势策略可能变得比较困难。这个时候可以先在一大堆策略中挑选出更占优势的那一个，排除那些占据劣势的策略。随着博弈的进行和深入，人们可以在下一次策略中再次进行筛选。经过层层筛选，人们可以挑选出最占优势的策略，并且逐步排除更多劣势策略。

无论如何，对于博弈者来说，寻找优势策略是为了让自己掌握更多的主动权，而寻找劣势策略，则是为了避免对方掌握博弈的主动权，本着这样的选择，人们就可以更合理地做出决策。

## 博弈思维建立在对博弈结构了解的基础上

在生活中，不同的人在面对同样一件事，或者在面对不同的事情时，往往会制定不同的博弈策略，会采取不同的博弈思维来处理生活中的各类信息和问题，那么为什么生活中的策略常常会不一样呢？原因就在于人们每次面对的事情并不相同，而且所追求的目标也不一样，这些不同点就决定了人们可能采取的博弈思维和博弈方式也不相同。

举一个简单的例子，商人在想办法进入某个市场的时候，往往会在不同时期、不同环境下制定不同的策略。当决定进入市场时，就不可避免地要侵犯更早进入市场的商人的利益。在整个竞争体系和竞争过程中，商人与竞争对手之间的关系就是争夺利益的关系，当商人盈利的时候，其他竞争对手的利益必定要受损；反过来说，当商人面临亏损的时候，其他竞争对手必定会盈利。对于商人来说，这是一个有挑战性的工作，但是他仍旧非常乐意去做，因为这是自己在市场上站稳脚跟，并且强化自身发展的必经之路。

当商人在市场上站稳脚跟时，一直都在面临其他竞争对手的挑战，毕竟面对这样一块大蛋糕，其他人必定会虎视眈眈，在这种情况下，为了确保自己的利益不受损害，商人需要展示出一些反抗的决心，而最常用的策略就是恐吓，即明确向竞争对手发出强烈的暗示："如果你们打定主意要进入市场，那么我不得不拿出全部的精力进行阻击，并且会不计代价。"这样的表态实际上就是为了告诉对方："如果你们执意要进入市场，那么就可能引发战争，然后这会是一个双输的局面，但我也不会退让半步。"面对这样的警告，许多跃跃欲试的竞争对手可能会主动离开市场。

商人在面对各种挑战时，虽然吓跑和阻止了一大批进入者，但还是有一些有实力的竞争对手准备进入市场抢夺资源。考虑到对方实力强大，自己可能没有绝对的把握战胜对方，而对方也没有绝对的信心可以垄断整个市场，在交锋一段时间之后，商人和竞争对手都意识到双方继续缠斗下去，可能会导致两败俱伤，这个时候，双方就会选择采取合作的策略，通过密切的合作来强化各自的优势，从而更好地利用市场资源，努力实现共赢。

在这三个不同的阶段，商人的策略发生了变化，而这些变化都是依据环境变化、自身实力变化、对手变化发生的，这些变化其实和博弈的结构息息相关。比如商人一开始准备进入市场，与其他先进入市场的商人进行竞争，其实就是一种零和博弈，商人盈利为100，就意味着其他竞争对手的盈利为-100，双方之间的收益只会在彼此之间流动，总量不会增加或者减少，而这就是典型的零和博弈。所谓零和博弈，是指在严格的竞争条件下，其中一方在获得收益的同时必然意味着另一方要遭受同样的损失，在这种对抗性的博弈中，博弈各方的收益和损失之和为0。简单来说，就是一方的收益必定是以另一方的损失为前提，损人利己是零和博弈的一个最重要特征。

当商人在市场上站稳脚跟后，需要面对其他想要进入市场的挑战者，为了维护自身的利益，就会选择主动阻击，并且想办法让对方意识到这种冒险的危险性。这个时候商人坚持的就是一种“负和博弈”，负和博弈是指博弈双方因为立场相对立，彼此之间存在不可调和的矛盾，这个时候，双方必定会针锋相对，互不相让，并导致双方的利益受到损害，这种损害比各自获得的收益要多，可以说是一种两败俱伤的局面。采用这种损人不利己的策略时，竞争对手在发起挑战时可能会三思而后行。

随着其他一些竞争对手的壮大，商人渐渐感到巨大的威胁，同样地，他也能猜到对方一定也是这样看待自己的，在多次交锋和试探之后，当双方都意识到继续竞争不会有任何好处时，开始思考着合作的可能性，双方可以形成一种比较稳定的合作关系和同盟关系，这样不仅可以直接避免彼此之间的不良竞争，还可以形成强大的同盟来阻挡其他更多的竞争者进入市场。按照这种思路，双方会在博弈中组团，采取正和博弈的方式。正和博弈与负和博弈相对应，是指博弈双方采取了利己利人的策略，双方在博弈的过程中都可以增加收益，或者说一方增加收益的同时，另一方的利益至少不会受到损害，双方的收益总和是不断增加的。

零和博弈、负和博弈与正和博弈是博弈中最基本的三种博弈类型，它们代表了不同的博弈结构，代表了不同的博弈目标，也代表了博弈者的不同需求和思维。一般情况下，人们会认为正和博弈是最理想的，负和博弈是下下策，但实际上在不同的场景和环境下，负和博弈和零和博弈都是人们所能做出的最佳策略，因为只有按照这些策略采取行动，才能更好地实现自己的目标，确保自身的收益。

对于人们来说，往往不要纠结于哪一种博弈方式更好，而应该在了解自己的实力、需求的基础上去了解他人的状态，然后采取更具针对性的策略进行博弈。每一种博弈策略和博弈思维都是为实现一个更理想的结局而存在的，没有绝对的高低之分，关键是人们是否能够熟练驾驭这些策略，这才是博弈能否真正发挥作用的关键。

# 第二章

# 博弈中的群体思维

华盛顿合作定律下的博弈往往都是自私的、狭隘的，人们只考虑到自己，而不关心团队工作，却没有想过每个人可能都只是考虑自己，因此没有人愿意为工作付出，最终容易导致团队的低效和解散。

## 如何将一张5元面值的纸币以10元的价格出售？

某人准备出售自己的宝马汽车，考虑到五年的折旧率，他准备拍卖开价28万元。可是开价之后，一直无人问津，许多人都觉得这个价钱还是有点偏高，加上他们对汽车并不了解，很有可能会产生各种疑问。就在这个时候，他的妻子提了一条建议，让他将价格降为0元，也就是说整个汽车价格从0开始，到最后看看谁的出价更高，不过整个拍卖活动有一个规定，那就是所有的人都必须意识到一点，自己出价如果不能高过他人的价格，那么此前所有的报价都会被没收。

很显然，当拍卖开始之后，就有人直接从10000元开始，然后大家都纷纷往上加价，最开始参与报价的几个人几乎垄断了整个报价，大家你来我往不断加价，很快将价格抬高到25万元。这个时候虽然越来越接近人们的预期报价，但是对于参与者来说他们实际上已经骑虎难下了，为了让自己不至于被其他人盖过，为了不至于让之前的报价打水漂，只能不断提高自己的报价。

在这一场你追我赶的游戏中，真正的赢家只有一位，那就是拍卖宝马车的人，因为所有的参与者最终都会意识到竞争对手一定会出更高的价，一定会想办法压制自己，而自己也需要花费更大的代价去重新夺回优势。就这样，在这种相互防备和压制的规则中，报价很快被推高到110万元，而这个时候，游戏还在继续，几位参与者都无法安然退出，他们已经被游戏策略捆绑了。直到拍卖会的负责人打断了这一次看起来有些失控的活动，才避免了几位参与竞拍的人陷入困境。

这样的拍卖活动显然是一次典型的利用博弈思维做文章的行动，整个行动之所以会陷入一个疯狂竞价的恶性循环，就是因为人们在相互博弈的过程中，陷入了一种“输不起”的状态，为了确保自己获得优势，他们只能不断加价来压过其他人，而且价格开得越高，参与者退出的机会越小。

当然，有一个重要的原因在于产品的价格太高，这样就直接导致人们竞争成本的加大，这也为后续的“无法停止”奠定了基础。如果将博弈物品的成本降低，那么情况是否会好转呢？显而易见的是，参与博弈的人不太容易在缠斗中不断持续下去，但最终还是要看人们愿意为博弈付出多少，而且也要估量一下对手们能够付出的代价是多少。

在这一类博弈思维中，研究人员早就做过类似的实验：让一群参与实验的人竞拍一张面值5元的纸币，这张纸币的起步价为0.1元，而整个竞拍活动只有一个要求，那就是所有人一旦出价无法超过他人，所投入的报价就会没收。实验中，报价从0.1元很快叫到1元、2元、3元、4元、4.7元，甚至是4.9元。但所有的报价都低于5元，很明显，所有的人都在彼此试探，看看其他人是否有勇气做出“用5元甚至5元以上的价格购买这张纸币”，因为接近或者超过5元的投入都是没有任何意义的，而谁都不想做这种无意义的事情，因此很多人巴不得仅仅用0.1元就搞定一切，但是其他人显然不会放过这样的竞拍机会，他们也期待着用最小的成本拿到这笔钱，只不过一切不会那么顺利。

当价格开始接近5元时，参与者已经丧失了兴趣，按理说行动有必要就此终止，但是对他们而言，自己继续竞拍的动力在于避免自己被他人盖过，从而损失竞拍的钱。参与者都会这样去想，而且他们的想法取决于自己投入了多少，同时会猜想对方可能会在什么时候做出让步，会愿意承受多少损失。

比如当某个参与者将报价从7元抬到8元时，他会觉得自己一旦赢得了竞拍，就只是损失了3元钱而已，如果不那么做，那么在面对报价7.5元的人时，自己的亏损将会达到7元，这样一笔账显然很容易算清楚。当然，对方在听到8元的报价之后也会产生类似的想法，“如果我不出更高的价格，那么自己的7.5元就打水漂了，只要自己出到8.2元，那么亏损无非是3.2元。”如果双方一直这样缠斗下去，那么情况就会变得越来越糟糕，彼此都会试探底线，看看谁会最终退让。事实上由于成本不算太高，很多人会在情况变得不可控制之前先摆脱自己，也许在竞价达到8元或者10元左右的时候，人们就开始放弃，避免自己被完全拖累，毕竟亏损8元或者10元并不会真正让自己失去控制。

但是就这个竞价过程本身来说，人们似乎很容易在博弈思维的作用下失去自控力，或者说他们很有可能因为他人的策略而陷入麻烦，为了扭转局势，不得不想办法在价格上占据优势。在博弈思维的操控下，人们倾向于思考自己的决策，以及他人的决策可能对自身决策造成的影响。

在古董拍卖、股票购买中，都会存在类似的行为，但是并不完全一样，因为在现实生活中，人们很难接受“失败就导致成本打水漂”的要求，更多时候他们会在相互竞争的刺激下做出一些疯狂的事情，但是基本上会得到有效的控制，就像一个价值3000元的古董，在相互竞拍后可能达到12000元的价格，但是不太可能直接冲着120000元以上的价格而去。

总而言之，博弈思维在一些竞价类的项目中往往会产生一些强大的约束力，这种约束力不仅是针对他人的，往往也是针对自己的，当人们想要确保自身利益得到保障的时候，往往需要顾及他人的策略，以及他人策略对自己的影响，并且思考到他人对于自己策略的防备和应对措施，这样才能有效避免自己在一些失控的局面中越陷越深。

## 群体思维下的华盛顿合作定律

著名的博弈论学者麦西克和路特做过一个非常有趣的实验，他们在讲桌上放了一个信封，然后邀请在座的43个人自由地往里面塞钱，并且声明只要信封里的钱达到或者超过250元，那么他们将会为每个人提供10元的奖励。可是如果信封里的钱少于250元，那么所有的钱都会被没收。

这样的游戏似乎稳赚不赔，毕竟43个人，即便每人只需要往信封里塞入5.82元或者6元（凑个整数）就可以超过250元，这样每个人都将会获得10元的报酬，这样一笔账几乎可以很快算清楚。但事实上，游戏结束后，信封里的钱只有245.59元，这让在场的人都感到吃惊，毕竟凑够250元并不困难。

不久之后有人重复做了类似的实验，结果还是不到250元，这样的结果引起了心理学家的关注，他们意识到群体的合作出现了一些问题，而这些问题的关键在于人们对他人的依赖性，即每个人都理所当然地认为其他人一定会多出一点钱（高于平均数），这样一来自己没有必要出钱，他们寄希望于他人可以凑够250元。最后，参与者都不免感到后悔，因为自己哪怕多出1元，也有可能改变整个结果，那些参加了第一次实验的人因为投入了8元而抱怨说："早知道会是这样，我还不如直接投入13元，这样好歹才亏3元（因为投资13元后就满250元，从而获得10元奖励）。"

这个实验指出了一个容易被忽视的问题，那就是团队思维的一些弊端，通常情况下，人们会将个人的能力、作用以相应的倍数关系拓展到团队当中，他们会认为如果一个人的能力值和影响力为2，那么一个10人团队的影响力和能力值为20；如果一个人可以创造的价值为3，那么10人团队创造的价值为30。这些惯性思维往往会影响人们对团队的判断，但类似的判断并不合理，因为人与人之间的关系往往是互动式的，彼此常常处于相互引导、相互牵制的状态。

阿里巴巴的创始人马云说过："如何把每一个人的才华真正地发挥出来，我们这儿就像拉车，如果有的人往这儿拉，有的人往那儿拉，互相之间自己给自己先乱掉了。当你有一个傻瓜时，很傻的，你会很痛苦；你有50个傻瓜时是最幸福的，吃饭、睡觉、上厕所排着队去的；你有一个聪明人时很带劲，你有50个聪明人时实际上是最痛苦的，谁都不服谁。我在公司里的作用就像水泥，把许多优秀的人才黏合起来，使他们力气往一个地方使。"

马云谈到的聪明人就是处于一种相互牵制的状态，在他看来，如果大家的目标不坚定，或者每个人都想着为自己谋私利，争取个人利益的最大化，那么整个团队就会变成一盘散沙。一个和谐的、高效的、团结的团队应该懂得为他人思考，应该懂得做出必要的自我牺牲，而不是时刻想着如何依赖别人，不是时刻想着如何牺牲他人的利益来满足自己的利益需求。能够了解这一点，也就可以运用博弈思维来看待问题、思考问题、解决问题。

在博弈心理学中，有一个华盛顿合作定律，从本质上来说，就类似于中国的寓言故事："一个和尚挑水喝，两个和尚抬水喝，三个和尚没水喝。"主要讲述的就是责任分散的问题，这也是团队合作与群体生活中最容易被人忽视的问题。这个定律讲述的一个现象是，当一个人执行任务的时候，也许会在积极性上有所欠缺，但是毕竟还是会想办法完成任务。当两个人执行任务时，一方会想着让另一方承受更多的工作责任，从而减轻自身的压力，这个时候，可能一方会出现偷懒的现象，但是彼此之间还是存在一定的制约性，能够保证双方共同完成目标。当三个人或者更多的人执行这一任务时，有一部分人会认为"做事的人很多，根本不差自己一个"，因此会逃避自己的任务和责任，但人们都开始这样想并且开始相互博弈的时候，这份工作也就没人愿意去做了。

这个问题的关键在于人们总是将希望寄托在其他人身上，并认为其他人一定会对该事件负责，从而确保自己可以获得更多的解脱。但当人们这样去想的时候，往往没有想到一点，其他人也会产生类似的想法，也会想着将责任分散到他人身上。

类似的责任分散效应在生活和工作中非常普遍，有些人称其为社会惰化作用，即群体内的个体容易将责任推到其他人身上，并且坚定地认为其他人一定会挺身而出。比如在工厂里，老板下达了一项工作任务，由员工A、员工B、员工C三人负责，这项工作如果由单个人来完成，可能需要5天时间，两个人合作的话需要2天，三人合作的话需要1天，老板要求三人在周末完成这项任务。结果周一上班时，三个人都没有按时完成任务。对于A来说，周末两天足够员工B和员工C完成工作了，他觉得自己即便不动手也没事，而且他觉得没有人敢于违背老板的命令，因此他们肯定会在周末完成工作。而员工B和员工C也有类似的想法，他们都将希望寄托在另外两个人身上，以至于谁也没有动手。

在一些犯罪现场，很多旁观者会寄希望于让别人报警，最终谁也没有报警，大家就这样眼睁睁地看着罪犯制造命案，并且逃之夭夭。正如同社会学家所说的那样：“每个旁观者都会因受害者受害而难过，也会因他获救而高兴，但帮助受害者要付出代价，比如报警要出示身份证明，还要充当证人，等等，所以我们都宁愿等别人报警，这样就不用付出任何代价，而得到高兴的收益。社会学家称之为责任分散，也就是大家都同意帮助是必要的，但他们彼此不沟通，无法协调出谁来提供帮助。”

社会惰化作用或者说责任分散，往往和不合理的博弈思维有关，人们会立足于自身的处境，并且设想着对方会怎么做，却没有思考过，对方很可能在以同样的思维琢磨着自己。也就是说，华盛顿合作定律下的博弈往往都是自私的、狭隘的，人们只考虑到自己，而不关心团队工作，没有想过每个人可能只是考虑自己，因此没有人愿意为工作付出，最终往往导致团队的低效和解散。

## 酒吧问题中的博弈策略

某地大蒜价格飞涨，结果引发了新一轮的大蒜收购狂潮，几个蒜农大户纷纷想要拓展种植规模，当然他们都清楚大蒜市场的容量还是有限度的，如果大家都盲目扩展大蒜种植的规模，那么整个市场很快就会出现供大于求的问题，这会直接导致大量的大蒜堆积在地里，从而造成严重的损失。但是如果人们都在谨慎地控制大蒜种植的数量，那么又可能导致市场供应不足，白白错失商机。

如果对这些情况进行分析，就会发现蒜农真正担心的问题就在于他们并不清楚对手们将会如何做出种植规划，对于任何一个蒜农来说，他们都期待着能够有效提升自己的产量，确保获得更大的收益（单纯的个人种植并不能满足整个市场的需求，因此他们都期待着种植更多大蒜）。不过，当所有蒜农都这么去想的时候，就容易出现大问题了。

一般对任何一个蒜农来说，考虑到接下来的市场需求，人们可能会适当增加种植数量，市场上可能出现多种情况：第一，自己大范围扩大种植规模，其他人适当扩大规模，此时自己获利最大；第二，自己适当扩大种植规模，其他人同样适当扩大种植规模，这种模式下，大家的利润增长空间差不多，所有蒜农都可能获得利润，但是市场潜力或许还没有挖掘殆尽，供仍旧小于求；第三，自己适当扩大种植规模，其他人大范围扩大种植规模（考虑到扩大规模的人很多，仍旧存在供大于求的风险）；第四，自己和其他人一样，都选择大范围扩大种植规模（种植规模超出了市场需求，大量大蒜出现库存堆积）。

在面对这些情况时，想要解决大蒜种植规模的问题，想要走出博弈思维下的困境，蒜农可以采取相对理性的方法，就是分析自己往年的市场占有率和种植规模，然后想办法弄清楚对方往年的市场占有率和种植规模，这些信息并不难找到。很显然，往年的市场占有率和种植规模的扩大都是非常好的参照物，蒜农可以看看自己和对手们是否还有能力扩大产量，是否已经达到了最优产量，从而推测出对方上升的种植空间。

这里需要运用归纳法则，蒜农对自己以及对方的历史资料和种植经验进行归纳总结，找到种植规律，从而提高自己预测的准确性，为自己未来的决策提供一些有价值的参考资料。在其他方面也是如此，人们很难真正对未来做出完全准确的决策，但是合理的分析和归纳往往可以提升预测的概率。

事实上，美国斯坦福大学的经济学家阿瑟在研究类似的社会问题和市场问题时，曾经提出了一个酒吧问题的博弈模型，在这个模型中，个人前往酒吧的行动需要建立在归纳问题的基础上。

某地有100个人每个周末都会决定去附近一家酒吧里消遣，还是待在家里休息，但事实上酒吧最多只能容纳60个人，也就是说，这个地方每天至少有40个人是无法前往酒吧消费的。由于人们不太可能做出“谁去酒吧，谁不去酒吧”的约定，因此可能会在决定自己是否应该去酒吧时产生一些迟疑。因为一旦自己前往酒吧，如果酒吧人数不到60人，那么自己就可以玩得很开心。如果酒吧人数已经爆满，那么自己将会败兴而返。如果自己没有去，酒吧里却还有很多空座位，那么自己就浪费了一次消遣的机会。同样地，如果自己没有去酒吧，而酒吧人数刚好爆满，那么就要庆幸自己没有浪费时间白跑一趟。那么自己究竟要不要去呢？每个人可能都会产生这样的疑惑，因为我们无法了解其他人的想法。

但是酒吧问题并不是一个死结，人们还是有机会在这样特殊的博弈思维中寻求解决问题的方法，那就是运用合理的方法进行预测，而这种预测必须建立在对他人行为习惯的归纳和总结上。比如了解过去几天或者几周酒吧里的人数，看看是否达到了60人；看看哪些人平时喜欢去酒吧，拟定一份大概的统计资料；了解人们平时喜欢在周几前往酒吧，酒吧在哪些日子处于人数爆满的状态；人们是否喜欢在晴天前往酒吧，还是说阴雨天酒吧里的人更多；酒吧一般在什么时候举办一些活动。

针对这些资料进行收集和分析，人们可以归纳出酒吧活动的一些规律，并在这些规律的指导下做出更为合理的决策。但问题也随之而来，个人会针对他人的活动做出归纳，其他人也同样会对前往酒吧的人的行为做出归纳，当所有人的预测都比较合理时，大家反而有可能出现行为上的一致，这个时候，归纳法可能也会失效。比如人们依据过去的经验，认为周六的时候，整个酒吧的人数比较多，那么人们就会在周六待在家里，而这个时候酒吧反而非常空闲，人数远远没有达到60人。而在过去，由于周五人数明显偏少，大家在归纳之后可能会全部冲向酒吧，结果导致酒吧里人爆满。

总的来说，在做出归纳之后，短期内的行动仍旧是不可预测的，因为大家搞不清楚彼此是否会采取行动，除非有人意识到其他人都是非常理性的分析者，他就可以采取与众人不同的策略行事。而当大家都运用归纳法一段时间之后，人们会在反复尝试和体验之后，发现新的规律，这个时候每一天前往酒吧的平均人数将会接近60。

酒吧问题实际上是在信息缺失下，人们对行动上相互影响的一种困惑，对于多数人而言，这种问题几乎是社会生活和工作中不可避免的，无论是农民、商家，还是企业，都会面临着“我不清楚其他人会想些什么和做些什么，不清楚他们是否会以同样的方式来分析我的对策”这一类博弈困境，而绝对合理、绝对正确的预测和决策是不存在的，决策者唯一能做的就是尽可能确保自己的决策和行动有参考依据，确保自己的行为不会过度迷失和盲目。

## 容易被忽略的公共资源

在现实生活中，很多人都会发现，那些公共资源往往会遭到滥用和浪费，但是令人感到奇怪的是，很少有人愿意站出来维护这些资源的合理使用，很少有人会制定更为合理的使用准则，尽管很多时候大家都能够意识到资源的过度消耗会带来不良的影响，但是真正实施的时候，人们很容易迷失，并且总是强调他人应该怎么做。

类似的问题一直都是社会道德讨论的一个舆论焦点，人们似乎经常关注公共资源的消耗问题，但同时对此讳莫如深，经常处于一种“沉默面对”以及“无须声张”的状态，这样的状态往往直接导致人们在公共资源消耗的问题上出现一些不合理的甚至是失控的行为。

关于这一点，社会学家加特勒·哈丁早在1968年的《科学》杂志上，就发表了一篇名为《公用地悲剧》的文章，内容直指公共资源在自由使用过程中的悲剧性结果。他提出了一个非常著名的观点，当一个群体内的公共资源可以自由使用的时候，这些公共资源很快就会枯竭。

哈丁谈到了牧民与草场的案例，由于草场是免费开放的，任何牧民都可以在上面放牧，但与此同时，整个草场的承受能力有限，当放牧的牛羊数量达到一定程度，整个草场开始退化，直至再也长不出草。虽然大家都知道草场的承受能力有限，但是仍然源源不断地增加牛羊的数量，因为大家知道自己养的牛羊越多，收入越高，至于牛羊太多导致草场退化的问题，相信其他人会重点进行考虑，因此自己完全可以不当一回事，毕竟当牛羊的总数接近极限值的时候，总是会有一些人减少放牧的牛羊。

此外，在草场的退化过程中，每一只牛羊的食物消耗与成长都会受到影响，并最终影响牛羊卖出时的收益。但是相比于增加一头牛羊带来的收益，草场退化带来的整体影响显得微不足道。简单来说，他们计算的是增加一头牛羊时的收益仍旧会高于草料不足造成的产奶量下降造成的损失。

假设这一片草场最多能够供养500头牛，那么当牛达到500头时，草场的利用率将达到最高，收益也最高。如果一位牧民养了100头牛，牧民准备增加1头牛，那么就会增加草场的负担，此时所有的牛都会少吃一部分草，产奶量也会发生细微的变化，细分到这个牧民身上的损失与他增加一头牛的收益相比，几乎可以忽略不计。

当一个牧民这样想的时候，其他牧民可能也会这样去想，此时，牛的数量就会不断增加，而所有牛的产奶量都会下降。但是对于增加牛的人来说，只要平均分配到自己身上的损失小于增加的牛带来的收益，那么就是划算的。不过牛的数量不可能无限增加，一旦超出了某个程度，草场就会彻底消失，所有的牛都会失去食物，效益会慢慢降为0。为了避免出现这种情况，必定有人要注意控制加入牛的数量，而每一个人都希望其他人来完成这件事，最终往往会导致出现公用草场无法使用的悲剧。

在生活中，几乎随处可见这种公用地悲剧，因为在面对公共资源时，每个人都可以使用，你无权干涉别人使用，别人也无权干涉你，这就导致人们盲目追求私利，并且寄希望于其他人能承担责任，结果抱着“我先满足自己再说”的心态，人们疯狂地消耗资源，像空气污染、森林砍伐、过度捕捞都属于公用地悲剧的形式。

与公用地悲剧相对应的则是反公用地悲剧，想要了解什么是反公用地悲剧，首先可以从一个笑话开始。据说有位经济学教授和年轻的助理一起外出用餐，助理在道路上看到一张面值100美元的纸币，于是准备弯腰捡起来。这个时候，教授拦住了他：“别捡了，这钞票是假的。”助理非常不解，他不清楚教授为什么这么说。教授解释道：“如果这张钞票是真的，早就被人捡走了。”按照教授的说法，类似的资源都是有人认领的，如果没有人认领，那么证明它没有价值；反过来说，只要有价值，那么必定会有人对这些钱负责。

这个笑话解释了新古典经济学中的一个观点，那就是市场是高效的，资源会被分配完全，不可能存在剩余的东西，也不可能存在没有被人捡走的钱。经济学家奥尔森在1996年发表了一篇题目为《大面额钞票掉在人行道上没人捡：为什么有的国家富裕，有的国家贫穷》的文章。按照奥尔森的说法，国家制定的公共制度往往会影响资源的分配和占用。街上的钱没人捡就是典型的“反公地悲剧”的模型，在这个悲剧中，反公地这项资源往往也拥有一大批拥有者，但是这些人并没有有效的资源使用权，而且每个人都拥有否决和阻止他人使用这些资源的权力。简单来说就是对资源的使用设置各种障碍，而这种设置往往会导致资源大量闲置，造成巨大的浪费。

比如某公司拥有一大堆旧机器，这些机器只要适当翻新和维护，还能继续使用，即便充当二手产品拿出去卖，也可以为公司带来几百万元的收入。可是在准备处理这批旧机器时，各个部门却突然站出来抢夺权益。生产部门认为这些机器还能够继续使用，他们一直都想有机器的使用权，因此如何处理应该率先由他们做主；库管部门则认为机器已经长时间停用，放在仓库中多年，如何处理它们应该属于仓库管理部门的职责范围；市场营销部门认为要出手这些机器，属于营销范畴；质量管理部门认为这批机器是否还能使用，是否应该拿出去卖，并不是其他部门说了算，一切都需要按照自己的检查为准。由于各个部门互不相让，都想在这批机器上掌握主动权，结果相互扯皮了多年，以至于这些机器一直没能处理掉，也没有继续使用，白白浪费了资源。

如果说公用地悲剧是人们追求私利而推卸责任的一种体现，反公地悲剧则更多地体现为权责不明确带来的权力争执，“旧机器”代表的就是掉在地上的钱，人们无法去捡起它们，因为总是会有人站出来“不让捡”，或者说“捡了也白捡”，相互之间的制约无疑会影响人们对资源的利用，当他们想要去利用资源的价值时，就会担心其他人站出来反对，因此从一开始就干脆不闻不问，这样一来，所有人都会将资源当成掉在地上的钱一样，认为它不值得去捡，也没有可能捡起来，或者干脆认为它是假钞。

## 在群体中，傻瓜思维要不得

有家公司拥有良好的企业文化，内部的工作人员具有很强的主人翁意识，所有的人都在努力工作，甘于奉献自己，他们甚至常常不计报酬地帮助他人完成工作。由于工作氛围始终一团和气，企业的效益非常不错。经过一段时间的发展之后，其中一部分人厌倦了这种只注重奉献价值而不追求个人目标的生活，加上职业倦怠症的出现，使得他们对工作产生了厌倦心理，并且经常“搭”别人的“便车”，让他人帮助自己干活。

一开始，这种利用他人善心的职员只有一两个，但是大家很快被这种不良工作作风传染，会将团队合作的任务推到某一个人身上，经常会想着抢在别人面前邀功，结果导致不想工作、逃避责任的职员越来越多，很多员工每天上班什么事情也不做，对于上级交代的任务也置若罔闻，他们已经习惯了让其他人去做事。当内部偷懒的人不断增加时，整个企业的运作慢慢出现问题，经济效益也直线下降，偷懒的人再也没有什么油水可捞。当企业中大部分都是这种偷懒的职员时，企业几乎濒临倒闭，这个时候迫切需要更多的人站出来挽救，需要重新保持企业正常地运转。

为了避免企业走向破产，一部分员工开始重新表现出辛勤工作，全身心为工作付出的劲头，但是他们变得更为理性和谨慎，不再像过去一样任由他人利用和支配，而是坚定地表明自己的原则和立场：如果谁胆敢在工作中欺骗和利用自己的劳动力偷懒，那么将会直接把这个人拉入黑名单，不再与之沟通。当人们变得越来越有原则时，那些偷懒和“搭便车”的职员也就逐渐失去了生存空间。

类似的故事在团队中几乎经常上演，即便是那些世界级别的大企业，也很有可能遭遇同样的问题，或许没有这么严重，但是问题肯定是存在的，而这些问题实际上是内部职员相互博弈的一种表现，这些关系和表现无疑会对企业最终的运作和发展产生深远的影响。其实如果认真进行分析，就可以将企业内不同的人分成三种类型，即傻瓜、骗子和聪明人。其中傻瓜乐于奉献，不求回报，他们是整个企业最初获得发展的发动机，可以为企业的发展做出巨大的贡献，当一个企业中都是这样的傻瓜时，往往会获得快速发展。

但是当企业中的傻瓜增加时，往往会出现骗子，他们没有出色的工作意识和工作态度，遇事只懂得借助他人的力量，只想着如何让他人免费为自己干活，只想着如何在偷懒的情况下获得收益。这些骗子是纯粹的利己主义者，损人利己是他们最重要的标签，他们喜欢剥削傻瓜的价值。当骗子很少的时候，他们会非常幸福，但是随着越来越多的人意识到骗子的生活质量更高，傻瓜会纷纷向骗子转变。充当骗子的策略会快速扩散开来，而傻瓜会越来越少，整体的收益也就不断下降。在这种情况下，骗子也会慢慢因为失去获利空间而开始消失，或者做出改变。

如果在团队中加入一些精明的人，或者说团队中的很多人开始向精明人转化，那么骗子将会失去更多行骗的空间，因为精明人绝对不允许自己受到欺骗和利用，他们不会给予骗子更多的帮助和支持。一般来说，精明人会越来越多，并导致两种结果。第一种是团队和群体中只有精明人和傻瓜，这个时候，精明人根本没有必要防备其他人，彼此之间会互帮互助，相互促进和彼此贡献，从而提升了团队内部成员的满意度。

第二种是如果傻瓜全部转化成为精明人，那么当团队中存在精明人和骗子时，精明人会约束骗子的行为，骗子的策略会慢慢失效，他们会期待做出改变，向精明人靠拢。当然，如果精明人非常少，那么他们同样无法应对人数众多的骗子，那么只能选择接受充当骗子的策略。

一般情况下，人们选择充当精明人或者说选择充当精明人的策略，骗子往往会失去生存空间。可以说精明人的生存空间最大，生存优势最明显，而傻瓜往往最不容易生存，只要傻瓜越来越多，那么就容易导致骗子的产生，而骗子的“大量繁殖”会迅速消灭傻瓜。因此在团队生活和群体生活中，不要轻易当傻瓜，不要轻易去制定“充当傻瓜”的策略，选择当一个精明人，无疑会让自己变得更加主动。

在国内的一些大企业中，管理者往往会要求员工保持一定的原则性和贪婪，比如阿里巴巴的创始人马云就强调员工要懂得为工资而奋斗，要大胆地追求自己的目标和利益，不要轻易充当免费的劳动力，这样对职场发展不利。华为老总任正非更是呼吁员工不要感恩公司，不要总是去一味付出，员工与公司的关系应该是责任关系，而不是感恩关系。其实这些大佬都有意无意地点明了一个观点：工作中要保持个人的立场，要注意维护个人应得的利益。华为公司在1996年进行了一次市场部大辞职的活动，从以华为副总裁孙亚芳为首的华为市场部中高层干部，到各个区域办事处主任，办事处主任以上的干部都主动提出了辞职。之所以要这样做，就是因为内部的很多老员工倚老卖老，在工作中丧失积极性，出现了很多陋习。任正非巧妙地将新员工与老员工之间的博弈结合起来，坚决支持新员工不做傻瓜的想法，这个时候才有了大辞职的行动。

尽管在很多时候，傻瓜式的奉献精神会受到推崇，但是从博弈思维的角度来分析，这类傻瓜式的做法并不会真正产生太多的价值，也许短期内可以帮助团队获得发展，可以建立起良好的工作氛围，可是时间一旦拖得更久一些，傻瓜和骗子之间的矛盾就会激化。很显然，选择“充当精明人”的策略，更有助于人们实现个人的价值，也更有助于整个团队目标的实现。

## 生存与发展的博弈之道：进化稳定策略

研究人员发现，将一群从未见面的母鸡放在一起时，它们往往会发生频繁而激烈的打斗，但是一段时间之后，打斗现象会不断减少，最后彼此之间形成比较稳定的单线式的社会等级，而且产蛋量开始增加，这个时候“彼此和谐共处”成了最好的策略。可以说在相互接触中，母鸡慢慢意识到这一策略的优势，并且多数母鸡都会慢慢按照这种策略生存。

母鸡之间形成的这种策略就是动物生存的进化稳定策略，进化稳定策略是指某一群体或者种群的大部分成员所采取的某种策略，而且这种策略比其他策略更占优势。这一策略在动物种群内非常常见，可以说很多动物都是按照这种策略在活动，按照这种策略生存，并且繁衍生息。

其实人类社会往往也是如此，对于群体内的每一个成员来说，最好的策略就是了解群体内多数人都在做什么，然后按照他们的策略做事，这个时候这种策略是最稳定的，任何其他异常的举动和策略都不可能带来更大的收益。在这种稳定的策略中，人们的收益未必是最大的，但一定是最稳定的，群体内的其他人如果试图偏离进化稳定策略，就容易遭到社会和市场的淘汰。因为当群体中绝大多数的个体选择进化稳定策略的时候，自然而然会形成一定的标准和规则，个别小的突变者和个别小的突变群体往往就不太可能侵入这个相对稳定的群体。

比如许多人在创业的时候，往往更期待着凭借一些技术上、资金上或者是商业模式上的优势进入某个行业，结果往往失败。他们有时候并不清楚究竟是什么原因，是市场已经饱和，还是说市场正在排斥这些拥有某些优势的企业呢？其实很重要的一个原因在于他们并没有迎合行业内大多数企业采用的发展策略，如果创业者愿意花费更多时间去研究行业内的发展策略，研究该领域内环境的变化，可能效果会更好一些，毕竟任何一个行业的稳定策略在短期内不容易发生变化，一旦没有迎合或者偏离这个进化稳定策略，就容易失去生存的优势。

这也是为什么无论是哪一个成熟的群体，无论是哪一个成熟的行业，往往都会形成一整套比较稳定的策略。就像一些金融行业一样，往往会对进入者设置一些准入制度，也会设置定价方式、商业模式、账款周期、人员流动等内容，新进入的人没有按照这些标准来执行生存的任务，没有按照相关的策略发展出相应的发展模式，往往会丧失该行业的入场券。

不过进化稳定策略并不是绝对稳定的，进入者也并非一定要完全按照之前稳定的策略行事，有必要的话，他们可以想办法制定新的策略，并且推动整个行业的进化稳定策略的变化和发展，而进化稳定策略本身就是会发生变化的。进化稳定策略的一个核心内容是进化，无论是生物群体还是人类的社会群体，当大环境开始发生较大的变化时，种群内往往会难以避免地出现暂时动荡，并且形成一些空位来容纳新的进入者。当变动的幅度比较大时，原有的稳定策略就会发生变化，整个群体会在更大范围内寻找新的稳定策略。

为什么苹果公司当年可以依靠新技术进入手机市场，并且很快站稳脚跟，成长为行业内的巨头呢？它依靠的就是对进化稳定策略的突破、推动和变革。

事实上，苹果公司对于手机市场早就虎视眈眈，而且一直想要成为市场内的领头羊，更何况苹果公司拥有不错的资金和技术基础，也拥有很好的创意。苹果公司内部的操作系统和手机操控技术都是巨大的优势。按道理说，苹果公司想要获得发展，必须采取和行业内其他企业完全不一样的策略，这是苹果公司反超其他手机巨头的关键，而这一策略势必会引起行业内其他企业的不满，因为其他企业会觉得这种新的发展策略正在破坏原有的稳定策略——诺基亚、摩托罗拉、黑莓、索尼爱立信、三星公司过去一直强调的发展策略。

当苹果公司进入市场后，受到了传统企业的围剿，苹果手机的发展一直比较缓慢，直到推出了iPhone4和iPad，苹果公司才真正在行业内掀起巨大的波澜。而这个时候，一个有利的趋势在于，包括三星公司、摩托罗拉公司在内的一大批公司都在走智能手机的道路，都在不断重视手机软件的开发。在这样的技术发展潮流和手机行业开始变革的大环境中，苹果公司成功引领其他公司进入市场，它的发展策略也成功进化成为行业内的主流发展策略，这个时候整个行业重新达到一种稳定状态，大多数手机企业都在按照这种策略发展业务，而且它们能够意识到这种策略比其他策略更占优势。

实际上，并不是所有的创业者都具备苹果公司的实力和运气，如果他们拥有非常好的发展策略，并且能够像苹果公司一样把握住行业发展的风口，就可以想办法打破这个进化稳定策略。而从根本上来说，多数人还是应该遵循群体内的进化稳定策略，毕竟这样的环境主要提倡合作与分享，能够最大化地保障个人的生存和发展。

# 博弈思维中的公平分配

有7个合伙人一起创业，然后每天都要将一天的盈利进行分配，由于很难计算清楚谁的功劳最大，谁的工作最多，谁创造的价值最高，因此很难通过平均分配的方式来取悦众人。为了确保公平分配，他们一开始邀请一个德高望重的第三者进行分配，可是其中一些人开始向这个分配者行贿，完全破坏了公平性，因此这个方法很快被取消。

这个时候，有人提议设立一个负责分配利润的机构，以及一个负责监督分配的机构，似乎这样就可以做到公平分配。但是在实施的过程中，分配机构和监督机构经常相互干扰和缠斗，导致整个分配的效率不断降低。

考虑到外部人员以及机构无法帮助自己进行公平分配，几个人决定还是按照自己的方法进行分配，即每个人轮流进行分配，每人负责分配一天，一周后刚好重新开始新一轮的分配。为了避免人们故意在轮到自己分配时给自己增加分配的额度，大家再次对方案进行了修改和完善，几个人坐在一起做出了一个约定：每次分利润时，将所有的盈利分为7份，而负责当天分配任务的人必须让别人先拿走任意一份利润，最后剩下的那一份属于自己。

当出现这样的情况时，分配者会怎样去做呢？是不是想办法在分配上做手脚，给出7份份额不同的钱？这样做显然不合理，因为其他人完全有机会拿走份额较高的那几份分成，而自己弄不好就会选择最少的那份利润。正因为担心损害自己的利益，分配者反而会千方百计将盈利进行平均分配，这样自己就没有任何可能会得到最少的那一份了。

所有的参与者实际上都会这么去想，都会想方设法不让损己利人的尴尬局面出现，在这种相互制衡的心态中，每一个人的分配方案都是平均分配，这个时候7个合伙人的收益就是相等的，这也是最优的一种形式上的公平，这种公平并不一定合理，却是最能让人产生安全感的一种分配方式。

在追求自身利益以及考虑他人会如何针对对手制定策略的时候，彼此之间往往会表现出一些相互制衡的特点，参与者会相互猜测、相互制约。这一点在群体性的利益分配中更为明显，由于涉及公平分配的问题，人们似乎很难找到一个平衡点。任何一个人都会对分配者提出质疑，都会认为他的分配方案必定有利于自己，而不利于他人。

在合伙做生意的团队中，利益分配问题往往会成为一个大麻烦，比如微软公司的创始人比尔·盖茨和保罗·艾伦曾是世界上最好的搭档，但是两个人因为利益分配问题心生嫌隙，虽然两个人关系破裂的导火索是比尔·盖茨将自己的校友鲍尔默（前微软总裁）拉入群中，但是双方的关系从一开始就注定存在问题。比尔·盖茨希望获得更多的股份，因为他才是编订程序的人，而保罗·艾伦只是负责提出策划，从工作重要性和价值输出上来说，盖茨自认为更重要，艾伦原本想要对半分配，但还是忍耐了，而之后双方又多次因为利益问题而产生矛盾。

扎克伯格与合伙人爱德华同样面临这些问题，如果进一步拓宽范围，就会发现世界上很多合伙创办公司的人都存在类似的分配问题，人们通常都想让自己获得更多的利益，或者说至少应该保持公平，但是在实际操作中非常困难，他们需要寻找一个更为巧妙的博弈方式，需要更成熟地运用各种博弈思维，因为在现实生活中，合伙人之间的关系可能更为复杂。考虑到不同的人所做出的贡献不一样，考虑到大家的分工和地位不一样，整个分配工作的难度比较大。不过无论怎样，采用上面那种“由分配者提出方案，但是最后一个挑选分配额”的方法，还是能产生一些不错的效果的。

在这种方法中，分配者的动机很明确，那就是尽量让自己占据优势，从这一个角度出发，他们必定会为自己留出一块最大的利益蛋糕，但是这种利益分配制度又给出了一个制约的措施。那就是最后做出选择，也就是说分配者的任何一种具有落差的分配方式都会引起其他人的关注，他们会直接拿走最大的那一份，剩下的必定是最小的。这就像是一个首尾相互制约的制度，整个制度的核心就是为了平衡各方的利益，确保所有人都按照公平分配的原则行事。

对于公平分配的问题，人们或许会有不同的理解方式和分配方式，人们会产生不同的思维模式，这是影响公平制度得以实施的一个重要因素，想要打破这种相互制约的尴尬局面，就需要一种强权系统进行控制和管理，比如在团队中设定一个核心人物，设定一个核心制度，设定一整套完善的分配制度，无论是按劳分配、按需分配，还是按股分配，都是不错的方式。

很显然，在一些群体生活模式中，由于缺乏一个强大的控制系统，人们可能会期待着按照自己的理解行事，并且不希望他人干涉自己的自由行动，当所有人都这么想的时候，群体生活就会变得混乱无序，就会丧失必要的凝聚力，最简单的方式就是建立某个强大的、大家都能够接受的制度，并依赖这种制度来体现人们的博弈思维，同时引导人们在分配中坚持公平原则。

不过，这个世界上往往不存在绝对的公平，无论是利益分配、食物分配、时间分配、财富分配，都不可能做到完完全全的公平，真正的公平往往是有条件的，是一种智慧产物，也是一种制度产物。人们只有理解这一点，才能够真正减少麻烦，才能够在博弈中保持更为清醒的头脑和更为宽阔的视野。

## 谁愿意成为那个主动付出的牺牲者？

某个村子里来了一个强盗，由于拥有一把无比锋利的宝剑，强盗无所畏惧，在村子里过着最逍遥快活的日子。不仅霸占着村子里最好的房子、最漂亮的女人，还要求村民每天都必须上供，否则他就会每天杀掉一个人。村民们都很害怕这个强盗，却没有办法除掉他。大家开会时想了一个办法，那就是趁着强盗熟睡的时候，偷走他身边的那把宝剑，这样强盗即便再厉害也无法抵抗众人的力量。

大家不知道应该安排谁去完成这个任务，因为偷宝剑的人必须冒着被杀掉的危险，一旦强盗醒来并发现了盗剑者，盗剑者必死无疑。如果有谁完成了这项任务，那么对于整个村子都非常有利，大家可以顺利赶走或者除掉这个强盗。可是由于承受的风险很大，大家都需要衡量自己的策略和行动。

对于每一个村民来说都有两种选择，第一种就是充当盗剑者的角色，在扮演这个角色的时候，如果盗剑成功，那么整个村子得到了拯救，自己的权益也会得到保护，这自然是皆大欢喜的局面。可是一旦盗剑失败，自己将会成为追求集体利益的牺牲品，其他人可能不会受到任何处罚和影响，自己则会付出生命的代价。在面对这两个不同的结果时，人们往往很容易做出选择，那就是拒绝为集体付出，因为失败的代价远远高于成功获得的收益。

在这里涉及一个概念，那就是预期价值，这里的预期价值可能是正值，也可能是负值，主要取决于做这件事情的收益和存在的风险的概率之差。尽管做决定是一个很困难的过程，需要把握押对或者押错的概率，但是从某种意义上来说，每一个决策就像是一次押注，而押对的往往会获得相应的奖励，押错会获得相应的惩罚。通常情况下，那些赢家会做出一些具有正向预期价值的决策，这些决策具有这样一个特点，那就是获得的奖励乘以某件事成功发生的概率的数值大于惩罚乘以其不会发生的概率的数值，预期价值就是两者之间的差。

比如一件事情成功的概率只有30%，而获得的回报是2000元；失败后的损失为500元，那么预期价值就等于$2000 \times 30\% - 500 \times 70\% = 250$元。预期价值最高的决策是最好的决策。这样的决策方式有助于人们提升押对的概率。在很多时候，一件事情即便成功的概率不高，但如果回报率远远高于失败后的惩罚，那么就有必要进行尝试，反之则不值得去做。

在盗剑这件事上，所有的人都会意识到自己的收益与付出完全失衡，可以说从利益的角度来分析，整件事情根本不值得去做，一些人可能会这样去想，相比于失去生命，每个人都被强盗搜刮一些收益也不算什么。或者最好安排其他人去做，这样即便对方失败了自己也不会因此受到丝毫影响，一旦成功就可以摆脱强盗的搜刮和威胁。而当所有人都寄希望于其他人去做这件事的时候，最终的情况就是所有人都在逃避自己的责任。

在日常生活中，这类情况也很常见，比如某家跨国公司准备召开一次“供应商座谈会”，公司邀请所有大大小小的供应商出席会议，并且商量下一步的合作问题。在会议上，这家跨国公司提出了一套新的合作方案，而这个方案对于供应商明显不利，因此很多供应商都建议修改这个方案，认为供应商的利润应该提高2个百分点。可是直到整个大会开完，也没有供应商站出来谈论这件事，原因很简单，因为所有供应商都担心自己的冒失举动会得罪跨国公司，从而失去合作的机会。

对于所有的供应商来说，采取“批评”的策略都是不够明智的，因为这样可能产生的回报远远低于可能产生的风险以及负面影响。假设这家供应商站出来强调要增加2%的利润分配，恐怕会引起对方的不快，即便促使跨国公司在压力下做出妥协（跨国公司必定会意识到其他供应商也在这么想，它不会轻举妄动），自己有机会拿到2%的利润，但也有可能遭到报复，失去永久合作的机会。在这个博弈策略中，自己很有可能会为他人做嫁衣，牺牲自己的利益来成全所有的供应商。

如果采取站出来要求获得多2%利润的策略失败，跨国公司根本不为所动，坚持按照原来的方案行事，那么提出这个修改要求的供应商必定会被视为眼中钉，它一定会在第一时间失去跨国公司的信任，从而丧失合作机会。

在整个博弈中，提出反对意见的人并不清楚跨国公司是否会保持强硬的立场，也不清楚这些策略遭遇失败之后，其他供应商是否有勇气支持自己，作为自己的坚强后盾，继续同跨国公司谈判。由于不了解其他人的想法，任何一家供应商都不愿意冒险，不愿意做牺牲自己去成全他人的事情，以至于跨国公司一直牢牢掌控谈判的主导权。

显而易见的是，在这样一个博弈系统当中，多数人都会坚持置身事外，他们不会轻易让自己参与到这场回报不多、风险却很大的游戏当中，并且寄希望于其他人会承担这个责任。而当所有人都这么去想的时候，大家就无法打开这个局面，无法摆脱当前的困境。

“盗走强盗的宝剑”这一博弈策略的核心内容并不在于它是一个多好的点子，而在于谁愿意成为那个付出和牺牲的人，谁愿意承受可能存在的收益与成本不相符的苦差事，到最后，为了确保自己的利益不至于受到更大的损害，人们必定会采取明哲保身的策略，必定会冷漠地期待着其他人去做这件事。

需要注意的是，在类似的博弈系统中，很多因素可能是脆弱的、可变的，比如在现实生活中，那些自告奋勇前去盗剑的人，村子里应该许诺让他成为英雄，如果他获得了成功，那么应该给予他足够多的奖励以及足够高的地位。即便失败了，村里的人也要负责保护他家人的利益，确保强盗从他家人这儿搜刮的财物能够得到弥补。面对这些条件，也许人们就会重新计算自己的预期价值，会重新评估自己成功和失败之间的利益对比，看看自己是否真的值得去冒险。

假设人们在盗剑失败后可能会引发强盗的报复，从而激发强盗掠夺更多的财物，或者杀人，那么在权衡利弊之后，可能会有更多人打消这个念头。又或者说，村里将会有人站出来反对这一次盗剑行动，因为一旦失败，所有人都会受到牵连，这个时候损失将会更为惨重。考虑到这样的风险，村里的人可能会打消盗剑的想法，并且反对有人冒险做这件事，这个时候整个策略会从“鼓励和安排人们盗剑”变成“反对任何人冒险盗剑”。

## 强盗分钻石的博弈

话说有5个强盗一同抢到了100颗大小和品质一致的钻石，为了满足自己的贪欲，几个人根本不打算平分钻石，但是碍于大家都出了力，因此也不好直接剥夺他人应得的那一份。正因为如此，几个人想出了一个办法，那就是设置1、2、3、4、5这样5个号码，每一个人进行号码抽签，之后按照号码的顺序来提出自己认为合理的分配方案。每个人都可以提出方案，但是方案必须获得半数以上的人通过，一旦有一半或者一半以上的人提出反对意见，那么提出方案的人就会被他人扔进大海喂鲨鱼。

比如抽到1号的人率先提出方案，5个人会对方案进行表决，看看是否有一半或者一半以上的人反对，一旦反对人数达到了一半，那么1号就会被扔进大海。接下来是2号，他也会面对同样的表决，4个人中如果没有半数以上的支持者，那么2号也会被扔进大海。接下来是3号、4号，他们都会面临同样的表决方式。

按照这种模式，抽到1号的人似乎最危险，因为无论自己是否提出了合理的分配方案，最后都有可能被其他同伙扔进大海，这样他们就可以分到更多的钻石。这样的结果的确令人沮丧，但是在具体的操作中，可能并不会出现这种状况，因为其他同伙不得不运用博弈思维来看待这一次的分赃行动。

假设1号被人轻易否决掉，那么2号就会担心自己面临同样的命运，3号和4号也是如此，5号就顺其自然成了最后的赢家。为了避免出现这种局面，2号、3号和4号的强盗从一开始就会运用博弈思维来思考对自己最有利的表决方式。

比如4号会意识到一点，自己如果不支持前面几个人，那么一旦前面3个人都被扔进大海之后，那么自己最终一定会被5号干掉，因为剩下最后两个人时，5号一定会投出否决票来夺走自己的那一份钻石，所以4号绝对不会轻易给前面几个人投反对票。3号也是一样，5号最希望3号被扔进大海，这样就可以直接制造4号和5号双人表决的赢面。因此5号一定会给3号制造麻烦，但是4号则会避免3号被人投进大海，他一定会给3号的方案投出赞成票。

而3号有可能会表现得非常自私，当1号和2号两个人被直接扔进大海之后，3号能够意识到4号为了保命而支持自己，因此他可能会狮子大开口，提出“我一人独享100颗钻石，4号和5号一颗钻石没有”的方案。这个方案非常自私，5号肯定会提出反对意见，而4号为了自保，只能忍气吞声接受这个方案。

4号并没有机会打破3号制造的僵局，他可以给2号投票，只要2号没有被人扔进大海，那么3号就无法提出那种过分的方案。3号自然也明白这一点，他会尽量消灭2号，这个时候4号和2号就有可能形成结盟的关系。在1

号被消灭之后，2号会赢得4号的支持，而5号为了避免3号一家独大，也必定会支持2号，这样2号在4人表决中占有3张支持票（2号肯定也会给自己投支持票）。当然，想要让4号和5号支持自己，2号必须有所表示，至少应该比3号的方案更加大方一些，因此他很有可能提出这样的分配方案：“我一个人得到98颗钻石，4号和5号各得1颗，3号1颗没有。”这样的分配同样让4号和5号不满，但是至少比3号可能提出的独吞方案要好一些。

此外，2号为了确保利益最大化，必定会给1号投反对票，但3号则会拉拢1号，因为他并不希望自己被2号摆一道，而1号为了避免被2号干掉，也会选择和3号结盟。为了确保自己可以在投票中达到至少3票的成绩，1号会想办法拉拢4号和5号，但是这两个人本身意识到自己能够从2号那儿各分到1颗钻石，因此1号开出的筹码需要更具诱惑力，给其中一人至少2颗钻石。在经过分析后，1号最终会给出这样一个分配方案：“我个人分配97颗钻石，2号1颗没有，3号1颗，4号或者5号中的一人分配2颗。”对于这样的分配结果，4号或者5号不会有太多的抱怨，因为这是自己经过博弈思维分析之后所能得到的最好结果了。而3号也是一样，毕竟他知道1号或者2号根本没有机会被扔进大海，因此自己最实惠的方式还是拿到1颗钻石为妙，至于2号，他的决定根本无关紧要，因为无论怎样，其他人都不会让他染指钻石了。

如果按照博弈思维进行分析，那么1号实际上占据了最大的优势，因为后面那些想要干掉自己的人都会担心自己接下来会面临同样的命运，相比于分到更多的钻石，他们更加在乎的是自己能否保命。这样就出现了4号为了阻止5号的阴谋而结盟3号，而2号为了避免3号独吞钻石，必定会提前给3号制造麻烦，1号同样也会对2号进行防备。在整个博弈思维的进程中，1号实际上是唯一有机会进行投票的人，也是唯一有机会提出分配方案的人，因为其他人都在相互制约中丧失了主动权。

在博弈思维的帮助下，强盗们会变得更加理性，在相互制约的情形下，绝对不会贸然对1号做出什么不利的决策，他们必定会相互防备，相互推演。正因为如此，1号反而从最危险的处境中变得最具主动权，这就是先发优势带来的效果。而5号原本看起来在独吞100颗钻石方面十拿九稳，最终反而变成了看他人脸色行事的配角。很显然，在这样一种复杂的博弈关系中，人们会意识到先发优势的重要性，会意识到如何借助复杂的人际关系和利益关系为自己赢得更多的主动权。

当然，真正的问题在于1号必须确保所有的强盗都具备博弈思维，都足够理智和聪明，这样才能在制定个人对策并追求自身利益的同时，思考他人的选择与策略。在2号、3号、4号、5号这几个人当中，只要有一个人不够理性，无法参透博弈思维的用处，恐怕都会对最终的分配方案产生重大的冲击。在现实生活中，可能人们并不会如此细致巧妙地面对这一类复杂的博弈过程，也可能不会存在类似的博弈思维，人与人之间的许诺、撒谎以及结盟，都可能会对最终的分配造成巨大的影响。

在日常生活中，群体或者团队之中往往会存在一些类似的分配活动，或者存在一些表决行动，在这些分配或者表决行动中，人们有可能会犯下错误，如果能够运用博弈思维，就可以准确地分析每一个人在群体中扮演的角色以及发挥的作用，准确分析每一个人在群体表决中可能会产生的影响。

## 第三章

# 知己知彼，才能更好地博弈

只有客观地、全面地进行分析，找出那些重要的资源值，才能够更好地把握博弈的方向，才能制定科学的策略。

## 没有最优的交通路线，只有更优的思维选择

某城市突然下大雨，道路交通运行不畅，在城区办事的王先生准备从之前设定的国道路线改为省道，虽然国道更好走，但是由于今天办事耽搁了太多时间，眼下差不多要迎来下班高峰期，道路上必定拥堵。加上天气不佳，道路比较难走，恐怕国道的不少路段都会遭遇严重堵车。相比于此，省道似乎压力更小一些，由于要绕不少远路，平时走的人不多，在下班高峰期似乎更加适合行驶。

那么王先生究竟会不会选择走省道呢？按照惯有的思维，省道会是不错的选择，因为其他人一般都会将注意力放在国道上面，这样就使得省道可以空出来。王先生有理由这么去想，他觉得整个国道在疏导车流方面将会不堪重负，所以没有必要非得挤国道。这是一种常规分析模式，在这里，王先生是一个单独的分析者，并没有出现严格意义上的博弈，因为自始至终都可能只有他一个人在看待问题、分析问题，他所做出的决策也是建立在个人的想法基础上的，至于其他人会怎么想，他并没有关注，也没

有认真思考过如果其他人进行分析，那么这些分析是否会对个人的判断和决策造成影响。

如果王先生打算深入挖掘交通问题，那么他需要进行一些更加复杂的推理：“今天下大雨，道路不好走，因此常人都会认为下班高峰期时段必定会有大批车堵在国道上，省道相对来说可能会好很多。我会这么想，其他人必定也会这么想，尤其是对那些常年在城区工作而住在郊区的上班族来说，他们对这一点比我还要清楚，所以为了减少出行不便，按道理说也会选择走省道，这个时候省道反而堵住了。因此他们中必定有一部分人最终还是会选择走国道，一部分人则选择走省道。对我来说，既然省道和国道都有大批人，那么还不如走国道，必定路程相对更短，道路相对更加宽阔。”

在这里，王先生制定的策略就是猜测他人的行驶路线，估计他人在分析所有开车的人的想法时可能做出的决策，然后将其用作自己制定路线的重要参考。当然，王先生在这里的推理还是相对比较简单的，毕竟路线少，也更为明确。如果将路线弄得更加复杂一些，那么问题也会变得更加复杂。

假设王先生所在的城区是始发地A，郊区则是目的地B区，那么从A到B之间可能存在多种路线，就像人们经常谋划着该如何走出城区上高速一样：是从×××路左拐，还是前往×××街；是从市区花园那边上国道，还是选择从麦当劳附近走。城区的路线往往很多，而每一条路线都值得进行博弈，比如是否容易堵车，他人是否也会选择走这条路线，平时的人流量如何，需要多绕多少路。事实上，如果考虑到出行方式，开私家车、乘坐地铁、乘坐轮渡，或者乘坐出租车，又或者借助共享单车走一些轿车无法通过的巷道，不同交通工具所花时间、人们的出行习惯等，整个博弈系统将会变得更加复杂。从A到B可能会出现数十条不同的路线，而每一条路线都可能需要进行详细的分析。

整个过程中最难的地方在于，王先生的所有分析都不是孤立存在的，外人同样会参与进来，王先生在制定出行策略的时候，需要考虑到他人是如何进行博弈的。比如王先生会认为某条路线有很多人走，其他人也会认为大家会走这条路线，因此王先生需要考虑他人的决策，而其他人也一样要考虑所有出行人可能做出的分析和决策，这是一个真正的相互博弈模型，而选择考虑的要素越多，参与的人越多，整个博弈的过程就越复杂。

这绝对是一项大工程，而对于那些急切想要出门的人而言，有时候没有必要花费太多时间在这上面，因此如何高效而快速地得出结论非常重要。对于博弈的人来说，想要了解自己的决策是否正确，想要在纷繁复杂的城市道路系统中做出更为明确的分析和博弈，那么就有必要制定一棵交通路线的决策树，这是一种比较实用的预测模型和决策模型，是一种计算概率的模型，人们可以通过对决策树的直观观察，了解自己最适合做出什么样的选择和决策。一般情况下，人们可以将自己的路线选择，以及每一种路线选择下的交通方式、利弊分析全部列举出来。

需要注意的是，在这些道路中，并没有一条道路是所谓的最优路线，有时候人们会选择一些更近一点的道路，但是外在环境的变化很容易影响人们的策略选择，而所有的这一切最终都会导致“最优路线”的错误。由于城市交通系统和道路选择，是一个群体性决策的博弈，或者说是个人与群体的博弈，人们需要运用博弈思维来做出合理选择，而不是直接依据不同路线的远近做出判断。比如当人们猜到大部分人都会选择走某条道路时，自己需要避免与他们处于同一条道路上，即便这条路线原本是最佳的，但人多了就会变成最不合理的一条出行路线。

这就是为什么很多人习惯了按照自己的思维看待问题、分析问题，很多人习惯了按照自己的想法去做出决策，并以此做出一个自认为是最合理的路线和策略，却不知道很多时候，事件本身并不是只有你一个参与者，当个人做出分析和决策的时候，针对的是事件本身，但是真正出现多个参与者时，不仅仅要考虑事件本身，更要考虑其他人对事件施加的影响，需要考虑他人对自己制定策略的评估，可以说，整个道路出行的策略选择本身就是一次个人与群体之间的对决。

# 危机四伏下的枪手博弈

有三家企业互为对手，多年来一直都在商场上相互竞争，彼此互不相让，其中A公司实力最强，占据了市场上40%的份额；B公司实力次之，大约占据了31%的市场份额；C公司实力最弱，但是也有26%左右的市场份额；其他3%被一些小公司瓜分了。在竞争中，三家企业都希望消灭对方，按照常规思维来理解，最弱的C公司一定会最先从市场上消失。可是如果所有的企业都是理性的，所有的企业都能够理性分析彼此之间的关系以及未来发展的趋势，都能够合理制定策略并了解他人策略的影响，那么情况就会变得非常有趣。

事实上，A公司必定会先将目标放在对自己威胁最大的B公司上，如果想要保持领先和垄断地位，那么必须在第一时间将B公司淘汰出局，这样自己就有足够的实力和精力对付实力更弱的C公司。同样地，B公司也会将A公司当作最大的威胁，它的第一竞争目标就是A公司，最想淘汰的也是A公司。对于C公司来说，它也会将目标先放到实力强大的A公司身上，从而避免对自己造成的威胁。

厘清了这些关系，就会发现C公司最安全，因为对手们都不愿意将其作为第一攻击对象，而A公司遭遇打击的机会最大，因为无论是B公司还是C公司，都会将目标首先锁定在它身上。在相互攻击的时候，A公司最担心两个对手联手对付自己，它的存活机会最小。但是C公司不会那么傻，因为一旦A公司被自己和B公司联手做掉了，那么接下来B公司肯定会肆无忌惮地对付自己。同样地，如果放任A公司灭掉B公司，那么C公司很快也会成为A公司接下来对付的目标。这样一来，C公司虽然最安全，但是也往往弄不清楚应该怎么做。

类似的三角游戏在军事、政治、商场、职场都比较常见，对于人们来说如何确保自己能够在这样的环境中生存，确保自己如何在这样的环境下获得更好的机会，尤其是对于最弱的人来说，更需要掌握生存的方法和策略。那么弱者应该如何在这种环境下生存下去呢？又该如何面对这种博弈呢？

想要了解这些，可以先从枪手博弈说起。甲、乙、丙三个枪手互为死敌，某一天他们相约一起进行决斗，其中，甲的枪法最好，命中率达到了90%；乙的命中率次之，大概为60%；丙的命中率最低，只有30%。在三个人当中，丙的生存概率无疑是最低的。不过在一场三人对决中（不是一对一的决斗），情况显然比这要复杂得多。

假设几个人只能轮流开枪，那么按照常规来说，甲首先会试图开枪解决掉对自己威胁最大的乙，同样地，乙也会想办法抢先开枪干掉甲，相比较而言，丙虽然最弱，但是最安全，因为甲和乙先开枪时都不会将其当成第一个要攻击的对象。如果让甲先开枪，那么顺序应该是甲对乙开枪，乙的生还机会很小，因此开枪机会会落到丙身上，这个时候，丙虽然命中率低，但至少还有30%的机会干掉甲。

如果让乙先开枪，那么乙首先要干掉的也是甲，这个时候甲可能只有40%的生存机会。一旦甲被干掉了，那么开枪机会自动落到丙身上，丙有30%的机会干掉乙。即便甲没有被干掉，丙也可以将开枪机会让给甲，这样轮到甲开枪时，甲会想办法先干掉乙，而乙如果被干掉，轮到丙开枪时同样有机会干掉甲。

总而言之，丙必须保证让甲或者乙先开枪，这样一来，自己的生存机会最大。不仅如此，当甲或者乙没有开枪干掉对方的时候，丙需要出让自己的开枪机会，先让他们开枪，或者自己放空枪，目的就是让一方干掉另一方。

比如乙先开枪，但是他没有干掉甲，这个时候存在两种顺序，一种是“乙开枪——甲开枪——丙开枪”，甲必定会先干掉乙，而丙可以最后对着甲开枪，干掉甲的概率为30%。另外一种是“乙开枪——丙开枪——甲开枪”，轮到丙开枪时，他可以选择放空枪，将机会让给甲，而甲会毫不犹豫地先干掉乙。总的来说，只要甲或者乙还没有干掉一方，丙都要保证自己不能干掉任何人。

简单来说，丙需要想办法让甲和乙互斗，并且最好造成永久性伤害，而自己完全可以坐收渔翁之利。这个枪手博弈模型体现出了比较纯粹的生存博弈思维，对于一些三方参与的博弈有着很重要的参考意义，最弱势的一方只要保证自己最后出手，就可以获得更大的生存概率，就能够降低自己所要承受的风险。从竞争的角度来说，一个人在社会上想要生存下去，不仅要考量自身的能力和实力，还要看看他是否威胁到了其他人，如果自己对其他人的威胁比较大，那么往往更容易先遭受他人的攻击。

但有一点需要注意，那就是现实生活中的情况可能比模型更加复杂多变，因为个人的情绪、情感都可能导致博弈方式出现变化，最强者也有可能说服次强者先做掉弱者，或者弱者可能受不了诱惑而联合最强者干掉次强者，又或者与次强者结盟，联手做掉最强者。还有一种可能就是，最强者和次强者也预测到了相关的问题，于是拒绝出手，这样就形成了一个比较稳定的三角模型，而这个模型的稳定因素就是弱者。在三国时期，吴国、魏国、蜀国就是依据这个三角形结构保持了很多年的平衡，但是因为刘备急于向吴国复仇，亲手打破了这个平衡，最终终结了三国的历史。对于参与博弈的人来说，需要保持绝对的理性，这样才能保证博弈思维的效用和价值。

## 资源值的选择

按照社会学家的说法，每一个人或者每一个博弈参与者都拥有自己的资源值，一般情况下，高资源值的人对低资源值的人具有致命的吸引力。那么什么是资源值呢？对人来说，个人的长相、才华、性格、财富、社会地位、语言天赋、某一项技能，这些都可以归结为资源值。比如在恋爱中，一些高资源值的人，可能具有出众的身高和长相，可能具有良好的家庭背景，可能具有才华，具有大量的财富和社会地位，他们在面对那些身高和长相不够出众，或者才华平平、缺乏财富、社会地位不高的低资源值的人时，会产生吸引力。为了强化这种吸引力，他们会想方设法运用自己的优势给予对方一些必要的关怀，或者一些必要的资源支持，这个时候，低资源值的人很容易产生倾慕和依赖的心理。

对于企业来说，高资源值的企业可能拥有很大的市场份额，拥有出众的品牌效应，拥有大量的现金流，拥有出色的管理体系和广阔的营销渠道，又或者拥有强大的技术和创新能力，拥有强大的资源整合能力，拥有出众的战略思维等。而低资源值的企业可能在这些方面有所欠缺。同样地，当高资源值的企业展示自己在某一方面的优势时，刚好存在资源欠缺的低资源值企业就容易在博弈中处于下风。

需要注意的是，无论是恋爱还是商业谈判，所谓的高资源值和低资源值都是相对的，比如一个男人很有钱，但是人长得非常丑，而一个姑娘长得非常漂亮，可惜经济不宽裕。在这个时候，女人处于低资源值的位置，而男人的财富对于女人来说就是高资源值。同样的道理，如果一家大企业拥有丰富的资源和丰厚的现金，但是它在某项技术研究方面始终落后于市场，那么在技术方面，它就处于低资源值的位置。而那些不存在技术短板，甚至具有强大技术研发能力的小企业，反而成了高资源值的企业，它们对于大企业具有很强的吸引力，在博弈中也占据主动地位。

在社会生活中，人们会依据资源值进行选择和决策，他们会将目标锁定在那些高资源值的人身上，这是追求个人利益的一种趋势，所以人们自然而然地会寻找那些在某些方面特别突出的人。但是这种追求可能会显得片面和狭隘，有趣的是，在信息缺乏的情况下，博弈双方往往都会认为自己是低资源值的一方，都认为自己在彼此的合作中占了便宜。比如很多人在恋爱时声称自己非常幸运，找到了一个又高又帅的男朋友，可是经历婚姻生活之后，她才发现对方不仅没钱，脾气还不好，整个人也缺乏上进心，这个时候她意识到自己看走眼了。

反过来说，有的人在选择恋人时，可能第一眼就觉得对方没有什么经济能力，恐怕以后会有比较重的经济负担，所以选择放弃，可是几年之后，却发现对方能力出众，很快就自主创业，积累了丰厚的身家。不仅如此，这个人为人非常专情，态度温和，可以说是一个一等一的优质男。

在商业合作谈判中也是一样，也许某企业在某些方面缺乏实力，但是在其他方面可能占据行业领先的地位，或者说对方可能拥有一些潜在的发展空间和潜在的优势项目。比如阿里巴巴在创立之初一直得不到融资，当时很多人都不看好阿里巴巴的发展，认为这家企业实力太弱，加上他们对于网络根本不了解，因此一直都在拒绝。可事实证明，阿里巴巴所坚持的电子商务业务具有巨大的市场空间，尽管阿里巴巴一开始处于没钱、没人、没市场的尴尬状态，但是互联网和电子商务市场巨大的发展潜力，使得阿里巴巴在互联网方面占据了先发优势，而这就是它的高资源值。

也就是说，想要在资源值方面进行合理选择，一方面要了解自己的弱项是什么，或者自己最需要的是什么，另一方面要了解对方的强项是什么，这样就可以有针对性地从对方那儿获得满足。那么最重要的就是要确保信息的充分，看看对方身上还具备什么，弄清楚各项资源值，避免自己遗漏其他一些重要信息。

比如在婚恋关系的处理上，人们想要找到适合自己的另一半，不能仅仅考虑对方的经济状况，或者外在的长相，还应该考虑其他一些东西，诸如人品怎么样，双方的性格是否契合，对方是否拥有上进心和责任心，是否能够全身心经营这份感情。在做出选择的时候，人们要扩大自己审核的范围，需要考量更多和经营婚姻生活有关的元素，尽管某些突出的元素会对整个婚恋关系产生影响，而且人们似乎也有意在选择自己身上缺乏的那些资源，但是并不意味着就要忽略对其他资源的考核。

此外，很多人在见到他人的某些优势，或者意识到对方在某一方面正好能满足自己的需求，就会习惯性地将自己当成低资源值的那一方，而一旦人们产生了这种定位，就容易受到对方的诱导和刺激。如果人们打算在博弈中获得更多的主动权，那么就要想办法更全面地了解自己和对方，就要谨慎把握好对资源值的选择，也许自己身上有对方所需要的东西，也许对方身上的其他一些东西的资源值偏低，会对自己产生不良影响。就像一些商业收购案例一样，也许被收购方拥有收购方梦寐以求的技术，但是被收购方可能背负的债务会拖垮收购方的正常运作。只有客观地、全面地进行分析，找出那些重要的资源值，才能够更好地把握博弈的方向，才能够制定科学的策略。

## 生活中形形色色的斗鸡模型

有一对恋人准备出去约会，男性希望去看电影，他对新上映的电影充满了期待，假设看电影的满足感为100。女性则更加喜欢吃西餐，对她而言，每个星期都希望自己能吃一顿西餐，这是自己最大的满足，满足感同样为100。当双方都阐述各自的想法时，问题出现了，由于男性更倾向于看电影，而女性更喜欢吃西餐，双方免不了产生一些分歧。

在分歧面前，双方之间往往有4种策略组合，第一种是男性坚持看电影，女性坚持吃西餐，双方都不肯迁就对方。由于争吵，双方之间始终都无法获得愉快的体验，最终收获的满足感为0。

第二种是这对恋人的感情很好，也懂得为彼此考虑，因此男性主张吃西餐，而女性希望迎合男友的想法去看电影。由于双方相互迁就，导致双方之间再次产生分歧，结果是电影没有看成，西餐也没有吃。这个时候，双方的满足感依然为0。

第三种是男性放弃了看电影的机会，和女友一同享用了西餐，这个时候男性的满足感为0，女性的满足感为100，双方总的满足感达到了100。

第四种是男性选择了看电影，而女性则迎合男友的需求一同看电影。这个时候，男性的满足感为100，女性的满足感为0，但是双方总体的满足感为100。

经过分析，当双方彼此迎合或者彼此背叛时，总体的满足感都为0，而当一方选择迎合另一方时，满足感都为100。从这个实验中就可以看出一些端倪，那就是当一方选择迁就另一方的策略时，往往会产生最好的结果。如果将其当成一种竞争模式来看，那么可以说，当一方选择妥协和让步时，虽然对妥协者来说情况不是最好的，但是对恋爱关系的帮助却是最大的。

这种特殊的情侣博弈模式可以称之为斗鸡模型，斗鸡模型是解决分歧和矛盾的一个博弈模型，很多人在生活中都会运用这个模型来解决矛盾冲突。比如红、白两辆车在一条狭窄的山路上相向行驶，结果两辆车很快相遇，由于道路只能够容纳一辆车通过，因此双方很快就发生了矛盾，不知道该哪一辆车先过。在这种情况下，每辆车都有“继续前进”以及“后退”两种策略，这样双方之间的博弈存在4种情况，第一种情况是红车前进，白车后退，这个时候道路很快就会畅通。第二种情况是红车倒退，白车前进，此时白车会率先通过道路，而红车在白车通过之后，很快也会通过道路。第三种情况是，红车和白车都不肯退让，都希望对方先让步，最终僵持在道路上，谁也无法顺利通行。第四种情况是，红车和白车都往后退，主动让对方先行，可是由于双方都在后退和让步，反而导致双方都没能及时通过马路。

在斗鸡模型当中，最好的策略就是一方后退，一方前进，这样会使得双方之间的总体收益达到最佳状态，这当然是一次性博弈的结果。如果这是一个重复博弈的模式，那么这一策略产生的结果也是一样的，当一方主动让路的时候，另外一方在下一次会主动让路，然后这一方在下下次也会让路。这样就形成了一种非常良好的合作关系，双方会通过妥协的方式来赢得对方的信任，并且建立更大的默契，以确保每一次都可以达到良性的状态。

有一点不同的是，当双方都在友好地让步妥协时，在一次性博弈中这样做会导致双方的收益都为0，但是在重复多次的博弈中则会带来更为积极的效应，双方会因为彼此退让而产生好感，下一次，对方还是会主动妥协，而这个时候双方会慢慢养成默契，每一次都形成“一方采取妥协退让的策略，另一方采取前进的策略”的良性局面，确保双方可以获得更大的满足，同时形成合作上的稳定关系。

而当双方都采取前进的不合作策略时，无论是在一次性博弈中，还是重复多次的博弈中，都会不可避免地制造冲突和矛盾，并直接导致矛盾的激化，以致双方的收益始终处于0的状态。

从现实的角度来分析，参与斗鸡博弈的双方如果将目光放得更长远一些，那么就要排除掉“坚持前进，绝不后退”的策略，因为这样做有很大可能引起对方的对抗心理与对抗策略，这样做不利于双方在未来建立更加稳定的关系，也不利于双方创建更加和谐的氛围，可以说在今后的工作中可能形成更大的摩擦。而主动采取妥协和退让策略则是一种合理选择，因为无论是一方做出妥协，还是双方都做出妥协，都可以为将来的合作奠定坚实的基础。

不过，在现实生活中，可能存在其他一些类型的妥协，比如一方强迫对方必须做出妥协，否则将会惩罚对方，迫于这种威胁和压迫，一方可能会无奈地做出让步。但是，这种让步属于逼迫性的行为，会对双方的关系造成巨大的伤害。但是这种伤害对于逼迫者来说无关紧要，因为无论是和对方对峙，还是逼迫对方让步，都已经伤害到了彼此之间的关系，而相比于僵持状态下的0收益，逼迫对方妥协让步的策略至少还能收获相应的收益。对于被迫退让的一方来说，采取妥协的策略也没什么不好，虽然这样做会直接让自己的收益归0，可是一直僵持不下同样不会获得任何收益，还有可能会在受到惩罚时损失部分收益，权衡利弊之后，他们更倾向于退让。

还有一种就是补偿性的妥协，一方会给对方开出条件，只要对方愿意退让，那么就可以获得一些利益上的补偿，这样做不致让对方的收益为0，而补偿者可以在付出一些成本之后，获得相应的利益。这个策略对于双方都有好处，而且不太容易引起争执。

总而言之，无论是哪一种类型的博弈，其中一方出现妥协的局面都是比较有利的，而盲目坚守强硬的立场，或者盲目坚持绝不退让的策略，往往会让矛盾激化，从而影响双方的总体收益。

## 智猪博弈与管理

有两个部门接受了一项任务，上级领导准备让这两个部门进行合作，将新产品尽快推向市场，对于第一个部门的负责人来说，这是一个非常重要的任务，整个任务更像是为自己量身定做的。一旦完成任务，整个部门将会获得更高的补贴，自己也将获得很多奖励，因此必定会全身心投入这项任务。但是对于第二个部门的负责人来说，整个任务更像是配合第一个部门，即便工作完成了，自己也得不到多少好处。因此对于第二个部门的负责人来说，努力完成这项任务很可能是“为他人做嫁衣”，如果不努力去做，一旦任务完成，很可能一样会获得应得的部分奖励。

在面对这样的局面时，第二个部门直接选择偷懒，无论做什么事情都表现得非常懒散和消极，整个部门的人平时的表现就像在休假一样，而第一个部门的负责人对此没有任何办法，只能要求自己的下属多花时间和精力。

在团队内部，类似的情况往往让管理者感到头疼，总是会有一些员工，即便什么工作也不做，也能够心安理得地在职场混下去，他们并不担心自己工作做得不好，也不想付出太多。尤其是在一些大锅饭式的管理模式中，这一类人会巧妙地寄生在他人身上，对那些有上进心、期待着能够实现团队目标的人产生威胁。

在这样的工作氛围中，对那些有所追求的优秀员工来说并不公平，由于利益获得已经被捆绑在一起，他们很容易成为被威胁的对象，最终导致整个团队不断丧失工作积极性和执行动力。

这个案例实际上与约翰·纳什在1950年提出的“智猪博弈”模型非常相似。纳什假设猪圈里关着一头小猪和一头大猪，为了方便猪进食，养猪的人在猪圈的一端设置了一个猪食槽，然后在猪食槽的另一端安装了一个踏板。当猪跑到另一端的踏板上踩一脚时，这一端的槽口就会落下食物，暂时认定这些食物为10个单位。这样的装置中，大猪和小猪中的任何一个去踩踏板时都会落下这么多的食物，但是它们也必须面临着被对方捷足先登的风险，而损失2个单位的食物作为成本消耗。

按照这项原则，大猪和小猪之间不免会产生一些博弈，它们会思考各自的对策，会思考对方如何制定策略，以及这些策略可能会产生的影响。比如大猪会这样去想，“如果一开始让我先踩踏板，那么小猪就会跑到槽口享用食物，而我会付出2个单位食物的成本。这个时候小猪能吃掉4个单位的食物，而我虽然肯定能吃掉6个单位的食物，但是也付出了2个单位的成本，因此最后所获得的收益为4个单位的食物，这样一来，双方的收益为4：4。”

小猪自然也会思考，如果自己踩踏板的话，那么大猪将会依靠巨大的食量吃掉很大一部分食物，等到小猪赶来进食的时候，也许食物已经所剩无几。双方的进食比例可能会达到9：1的状态。在这样的情况下，小猪所获得的收益还不足以支付付出的成本。

还有一种情况是，大猪和小猪也会约定一同踩踏踏板，然后一起获得食物，这个时候，大猪的食量和小猪的食量比变为7：3。各自扣除2个单位的食物之后，大、小猪的进食量分别变成了5个单位和1个单位。

经过分析，小猪会率先得出一个结论，那就是当自己不去踩踏板的时候，获得的食物收益是最大的，为4个单位，如果自己单方面踩踏，会得不偿失，出现亏损。如果自己联合大猪一起，只能获得1个单位的食物。在面对这些情况之后，小猪会产生戒备心理，在主人投放食物后，直接待在槽口等待食物，而不是去踩踏。对它来说，大猪想要进食就必定会想办法去踩踏，而且大猪仍旧可以获得一定数量的食物，对于大猪来说，这不算是一个非常糟糕的局面。

大猪同样也能够猜到小猪的想法，它也非常忌惮小猪的做法，却很难提出拒绝，因为无论自己联合小猪一起踩踏，还是单纯地让小猪自己踩踏，都无法产生让小猪满意的结果，因此小猪必定会站出来反对。正因如此，它自己也没有太好的选择，要么独自踩踏板，要么什么也不做，和小猪直接僵持，什么也得不到。

经过分析，大猪意识到自己实际上占据了弱势地位，它不得不想办法去踩踏板以填饱肚子，同时也帮助小猪获得更多的食物。而小猪认准了大猪不敢懈怠，因此会一意孤行，坚持充当看客，懒洋洋地待在槽口附近看着大猪踩踏板。

如果对大猪小猪博弈的案例进行分析，就会发现它其实反映出了团队合作中的一些不合理的分配现象，而导致这些不合理现象的原因在于内部管理不到位、权责不明确，导致利益捆绑下的一些寄生行为，而这对那些原本占据工作优势的优秀员工来说非常不利。而想要解决这些问题，就需要从解决智猪博弈开始。

按照博弈的方式来说，智猪博弈的突破口在于两个核心指标的把握，一个是“每次落下的食物数量”，另一个是“踏板与投食口之间的距离”。比如投食的人可以将10个单位的食物增加到20或者30个单位，这样大猪和小猪就有了充足的食物，它们也就没有必要费尽心思运用博弈思维相互防备、相互利用了。这种方法在现实生活中不太容易实施，因为管理者不太可能无缘无故增加太多的奖励，他们需要兼顾投入与产出的比重，毕竟一旦提供的奖励太多，就会严重影响员工工作的积极性，他们会认为自己随便动动手也能获得不错的收益。

投食人员也可以将踏板与投食口之间的距离缩短，将槽口直接移到踏板附近，这样一来，只要一踩踏板，猪就能够直接吃到食物。这样一来，无论是大猪还是小猪，都将主动权牢牢控制在自己手中。当然，为了让整个计划更加顺利，投食人员直接将10个单位的食物降为5个单位。当食物缺乏的时候，大猪和小猪的积极性会更高，它们会拼命抢在对手前面踩踏板。这个时候，原先因为谁踩踏板的矛盾和冲突直接演变成大家抢着去踩踏板。

收缩福利制度（避免不必要的浪费），同时强化“谁产出谁受益”的多劳多得的制度，直接针对个人工作的积极性、工作的能力、工作的价值和业绩给予提成，这样就能降低成本消耗，并有效刺激内部的公平竞争氛围，避免内部出现寄生和“搭便车”的不合理行为。对于管理者来说，想要避免内部博弈后的一些混乱与消极工作状态，需要确保人职匹配，需要强化岗位责任制，需要完善晋升制度。只有这样做，整个团队才会重新焕发生机。

## 了解自己头上帽子的颜色吗?

有4个人正在参加一档电视节目，主持人建议让大家做一个游戏，他在每个人的头顶上放上一顶红色或者白色的小帽子，但是任何人都看不到自己头顶的帽子颜色，只能看见其他人头顶的帽子是什么颜色，因此人家都会猜测自己头顶的帽子的颜色可能是红色的，也可能是白色的。

当游戏开始之后，主持人对着所有人说：“你们头顶上至少有一顶帽子是红色的，那么你们是否知道自己头顶上的帽子是什么颜色？”这个时候，大家纷纷摇头说“不知道”。那么主持人接着又问道：“你们知道自己头顶上的帽子是什么颜色吗？”大家仍旧摇头说“不知道”。主持人接着第三次发问，结果大家还是说“不知道”。接下来主持人又问了第四次，这个时候4个人异口同声地回答说“知道了”。然后几个人纷纷说出了自己头顶帽子的颜色，结果回答都是正确的。

看到这个游戏，很多人都会觉得奇怪，为什么前几次发问之后，大家都说不知道，到了第四次发问，大家就突然知道自己头顶帽子的颜色了呢？其间究竟发生了什么事情？如果从博弈的角度来分析，那么事情就变得很明显，主持人之前的几次发问并不是毫无意义的，大家的回答也不是毫无意义的，一问一答之间实际上是一个相互博弈的过程。

在主持人第一次提问时，当所有人都回答不知道时，那么每一个人实际上都能看到其他人中间至少有人头顶上存在红帽子。以A为例，如果他看见大家头顶上都是白帽子，那么自然而然就会猜到自己头顶上是红帽子，因此在B、C、D三个人头顶上必定戴着至少一顶红帽子，他才无法确定自己头上的帽子颜色。对于B、C、D三个人而言，也肯定会产生这样的推理。简单来说，大家会意识到4个人当中至少存在2顶红色的帽子，并且所有人都知道其他人一定意识到了这一点。

当主持人第二次发问时，所有人都说不知道。这个时候每一个人都会进行推理：假设只有2顶红帽子。那么另2顶帽子必定是白色的。这个时候，当主持人提问之后，肯定会有两个人（戴红帽子的人）会站出来说“知道”，因为按照推理，他们应该看到戴着红帽子的是一个人，戴着白帽子的是两个人，因此很容易猜到自己头上戴的必定是红帽子。当他们说不知道的时候，也就意味着这种假设不成立，他们会意识到至少有3个人戴着红帽子。

当主持人第三次提问时，所有人继续说不知道。大家又会假设有3个人戴红色的帽子，按照这种情况，除了戴白帽子的人之外，另外三个戴红帽子的人都会知道自己头上一定是红色的帽子，因为只要看看群体中有人戴着1顶白帽子即可。但是，当所有人仍旧说不知道时，就意味着这个假设也不成立。这个时候大家开始推出必定是4个人都戴着红帽子。所以当主持人第四次开口提问的时候，所有人都回答说“知道”。

人们也可以这样进行推理，当主持人第二次发问的时候，如果有一个人回答说知道，那么就意味着他看到了1人戴的是红色帽子，其余2人戴的是白色帽子。考虑到前面已经知道了至少有2个人戴着红帽子，因此答案并不难推出，他会很快知道自己头顶上一定是红色的帽子。既然没有人站出来说，那么必定是3个或者3个以上的人戴着红帽子。

这个时候，如果有一个人说知道，那么必定会看见至少1顶白帽子，这样才能确定自己头上是红帽子。可是没有人站出来说知道，这也就意味着他看到的全部都是红色的帽子。而所有人都会产生这样的推理，并了解推理的想法，因此很快就会推出自己头顶上的是红色的帽子。就这样，大家很快就能找出正确的答案。

在博弈学中有一个著名的脏脸博弈，有三个不爱说话的人在房间里干活，这个时候有人走进房间，然后告诉三个人说“你们当中有一个人的脸是脏的”。三个人相互看了一眼，没有任何表示，继续低着头干活。这个时候，这个人又强调了一句：“你们知道吗？至少有一个人的脸脏了。”三个人再次相互对视，结果三个人的脸很快都红了。

之所以三个人都意识到自己的脸脏了，主要原因就在于博弈过程中的分析，如果三个人之中只有一个人的脸脏了，那么这个脸脏的人，在看见另外两张白白净净的脸时，必定会意识到自己的脸是脏的，因此会脸红。脸红的人知道这一点，其他的人也知道这一点。当走进房间的人第一次做出提醒时，没有人感到脸红，这就意味着至少存在两张脏脸（因为三人中只有一张脏脸时，肯定有人会脸红）。如果只有两张脏脸，那么当脏脸的两个人看见另外一张白白净净的脸时，必定会脸红，此时没有人脸红，那么就意味着三个人都是脏脸。而经过他人第二次提醒之后，大家都意识到了这一点。

事实上，同上面猜帽子颜色的逻辑一样，当主持人宣布至少有一顶红帽子时，每一次的回答，无论是“知道”还是“不知道”，本质上都会形成一种公共知识，即大家都能够猜测和推理出的知识，群体内的每个人都知道这些知识，并且知道群体内的其他人也了解这些知识，其他人也能够意识到其他的每一个参与者都已经知道的这些事实。公共知识是非常重要的参考，能够帮助人们做出更加精准的分析，能够帮助人们更好地预测彼此之间的策略。在一些自己不清楚的博弈环境中，借助公共知识进行各种假设，就可以了解整个群体内的相关情况，推理出自己与其他人的处境。

## 婚恋选择中的“门当户对”

在人们的婚恋想法中，俊男应该和美女配对，高学历的人才应该配对，社会地位高的人应该和社会地位高的人配对，但是考虑到每一个人都在追求比自己更好的人，考虑到每一个人都容易成为婚恋关系中的理性经济人，整个婚恋关系配对可能并不像人们所想的那样。

为了更好地展示婚恋关系的现实状态，可以设置一个小群体模型进行分析。假设有四个男生和四个女生进行配对，他们分别代表了ABCD四个不同社会等级和水平的人，其中A级别的人最优秀，B等级的人次之，级别为C的人偏于下层，层级为D的人最糟糕。那么按照“追求比自己好的人”的原则，B等级的女生一定会采取“追求A等级的男生”的策略，因为她知道自己与A等级的男生之间存在一些差距，自己追求这段感情的机会并不算大，为了求稳，她退而求其次，选择了“追求B等级男生”的恋爱策略。

同理，C等级的女生也会将目光放在B等级的男生身上，理由和B等级的女生所想的一样，她们看中的是概率。至于D等级的女生，肯定也是一样，第一策略必定是选择C等级的男生。

经过一轮分配之后，A等级的女生和D等级的男生留了下来，如果从整个社会的角度来看，双方的人数必定不会少，而最终的情况很有可能就是一大部分A等级的女生嫁给了D等级的男生。这就是人们常说的“美女配丑男”和“花枝配丑汉”现象。

从男生的角度来说，他们也会想办法考虑女生的策略，知道女生会选择更优秀的人，比如，对于A等级的男生来说，他们有机会追上A等级的女生，但是概率不高，而且他需要面对来自其他人的挑战，尤其是一些更优秀的人的挑战。这样会让自己承受巨大的压力，而且效果不一定好。因此A等级的男生会自然而然地下调自己的目标，将目光锁定在B等级的女生身上，这样一来概率更大，毕竟这种策略也刚好迎合了对方的想法。

当A等级的男生都采取这样的策略时，B等级、C等级的男生也会相应下调目标。这个时候同样留下了无人可选的A等级女生，还有没人选的D等级男生。情况还是和上面一样，可以说，美女和丑男的搭配几乎成了整个社会在婚恋策略下的产物。

当A等级的女生和D等级的男生留下来后，A等级的女生迫于结束单身的需求，可能会选择和D等级的男生待在一起，这样至少比单身要强一点。或者从支付（博弈中的收益）的角度来说，嫁给D等级的男生还能获得一些支付，单身则毫无收益。相比之下，D等级的男生肯定不会拒绝A等级的女生。还有一点很重要，D等级的男生可能会是所有人当中最有胆量追求A等级女生的人，因为他们的策略很清晰，就是尝试着去追一下心目中的女神，毕竟单身时毫无支付，恋爱失败了也不过如此，但是一旦成功，就会成为最大的受益者。

显然，在这样一场特殊的博弈中，原本处于最弱势地位的D等级男生，最后反而很有可能成为最大的受益者，这是所有人都始料未及的，可以说，类似的选择是理性经济人博弈思维下的结果。

这个博弈模型和博弈思维在生活和工作的很多方面都会产生影响，比如很多人找工作，会选择高于自身能力水平的职位，这类似于彼得原理（人们总是趋向于在一个高于自己能力承受范围的职位上谋求机会）。这样就会导致能力高的人一直无法决定自己应该在哪个岗位上工作，能力中等的人选择级别高的岗位，能力下游的人选择级别中等的岗位，能力最差的人选择级别下游的岗位，级别最低的基层岗位可能没有人愿意去做，而大量高级人才又无法安排工作。这样的情况对任何一个企业和团队来说都会是致命的打击，都会产生致命的影响。

从整个社会就业的角度也可以分析这个博弈模型，即能力高的人一直无法决定自己应该在哪里工作，能力中等的人选择待遇高的企业，能力下游的人选择待遇中等的企业，能力最差的人选择待遇下游的企业，而待遇最差的企业可能招不到人，此时，可能会存在一些高尖端人才不得不去一些没有竞争力的小企业养家糊口。

不过，在现实生活中，美女和丑汉的这种搭配，高尖端人才和低竞争力企业的配合，可能会受到各种因素的影响，比如在婚恋中，并不是每一个人都是理性经济人，并不是所有女生都在追求比自己更好的男生，也并不是所有的男生都在逃避那些比自己更优秀的女生。有的人就喜欢追求和自己差不多类型的人。比如在日常的婚恋观念中，“门当户对”的想法还是一个主流，人们通常会觉得长相、家庭条件、学历、性格差不多的人更容易结合，因此同一层级、同一生活圈、同一水平的人更容易相处。换句话说，必须有人懂得适当降低标准，确保自己找到门当户对的人，否则整个婚恋市场就会被扰乱。

同样地，在团队内部人才配置和社会就业问题方面，管理者会进行合理的调配，而且高尖端人才会依据具体的形势变化及时调整策略，当然，前提是他们真的愿意适当降低目标，以务实的态度去面对生活和工作，这样才能够走出这种困境。

## 刺猬效应与私人空间

在冬天到来的时候，刺猬们往往会不断靠近同伴的身体，为的就是相互取暖，可是当刺猬不断靠近时，就会被其他刺猬身上的刺扎到，这个时候大家又开始迅速散开，保持一个更大的安全距离。但是当寒意再次袭来，刺猬又开始相互靠近，等到相互触碰之后又缓缓散开。就这样来来回回试探多次之后，所有的刺猬都会寻找到一个安全距离。在这个安全距离上，刺猬之间既能够相互取暖，又不至于彼此伤害。

从博弈的角度来看，刺猬的行动选择都是建立在自身利益的满足上的，当刺猬决定靠近其他刺猬时，目的是取暖，而当它们远离其他刺猬时，是为了确保自己不被其他刺猬伤害，也不会伤害到其他刺猬。这两个策略的选择在刺猬的群体中往往是同步发生的，要么大家都采取靠近取暖的策略，要么就采取相互远离的策略，而这些策略的变换和调整实际上是为了确保双方实现一个最优状态。

刺猬效应往往会投射在人际关系中，尤其是一些关系比较亲密的人，更容易出现刺猬效应，或者说更容易运用刺猬效应中的博弈策略来处理彼此之间的关系。但是在很多时候，人们往往会忽略这一点，他们更多时候坚持的是自己的策略，并且不太关注他人可能做出的策略是什么。所以常常会因为单向出击而产生矛盾。比如在恋爱中，许多人都盲目追求亲密度，认为每天黏在一起，每天都亲密接触，就可以建立起更加亲密的关系，可以让彼此都产生更大的依赖性。但实际上，人比刺猬更加敏感，也更有主见。当一方采取“不断靠近”的亲密策略时，另一方可能试图保持距离，对方可能会迫于形势而后退，而这种姿态往往会被认为是逃避。靠近者会误以为对方嫌弃自己，误以为对方不够重视这份感情。当然，另一方也有可能采取靠近的策略，但是当双方意识到这种亲密度不怎么让人舒服时，就会主动后退。这种后退也是一个暗示和提醒，告诉对方不要轻易越界，不要将双方的生活全部融合在一起。

在很多时候，恋人之间容易产生误会，容易出现厌烦和压抑的状态，就是因为双方在制定交往策略时，常常会忽视对方的策略是什么，会忽视对方的策略对自己的行动、对双方关系会产生什么影响。

一个合理的科学的博弈思维应该是相互迁就的，即博弈双方应该对彼此的行为有所考虑，对彼此之间的策略可能产生的影响进行分析和调整，避免造成一些不好的影响。比如以恋人为例，在热恋期间的两个人最初的策略肯定是相互靠近，缩短彼此之间的距离，然后增加亲密度，可是当双方之间因为靠得太近而产生摩擦时，彼此之间的策略又会变成远离，双方都不希望被过度亲近的关系伤害到，不希望被这份感情迷惑而失去私人空间，因此又会慢慢后退。接下来，双方会小心翼翼地试探，一方或者双方会采用不断靠近又不断分开的策略，慢慢调整出一个最佳的距离，在这个距离之间，双方都可以感受到彼此的存在，可以感受到彼此的爱和关怀，同时也能避免过于亲近时的压抑感，总的来说，双方会找到一个安全的距离来处理彼此之间的关系，为双方打造一个私人空间。

不单是恋爱关系和婚姻关系的经营，在一些日常社交以及商业合作当中同样需要注意保持合适的距离，需要对自己的策略进行合理的调整。很多公司在合作的过程中，往往不会刻意去经营和创建一个非常亲密的区域，对他们来说，各自都存在一些敏感空间，都存在一些竞争因素，因此在处理合作问题时，往往会注意点到为止，会注意将合作压缩在合理的范围之内。一家企业在面对另一家合作的企业时，往往会优先采取亲近的策略，但是这种亲近绝对不是一种压迫感，不是一种无所顾忌的靠近，这样会让对方感受到威胁。双方都会意识到彼此之间的策略以及行动尺度，因此能够非常默契地留出一个各自的空间，并且绝对不会侵犯彼此之间的这些空间。

很多建立全面合作伙伴关系或者战略合作伙伴关系的企业，在具体的合作事项上一直都坚持一种“打造安全距离”的策略，企业绝对不会让对方过分接近自己，过分参与到自己的经营活动，也不会主动侵犯其他公司的活动空间。一些核心的技术和商业机密不会拿出来分享，一些非常重要的商业计划也不会轻易分享。

打造安全距离对于博弈双方都是有必要的，而且这也是一个优势策略，可以帮助对方实现人际关系的平衡。需要注意的是，人的感情交流或者企业之间的合作，本身都是容易出现变动的，这些变动往往随着关系的发展而出现变化，一开始肯定会慢慢靠近，然后双方进入“热恋期”，经过一段时间的接触之后，双方需要保持理性的沟通策略和科学的相处模式，尽可能保持一个适当的距离。不过在很多时候，这种关系的亲密度还是会出现变化的，人与人之间在某些时刻可能还是会毫无保留地分享，而企业之间也可能会存在一些核心利益的交换，或者因为合作结束而快速回归到竞争对手的状态。在面对类似的变化时，博弈者需要对具体的情形和场景进行分析，制定最合理的策略，确保双方保持一个安全、健康的关系。

## 为什么总是觉得别人的东西会更好?

如果有人拿了两个信封，并且明确告知两个信封中的钱不一样，其中一个信封中的钱是另一个信封中的两倍。比如一个信封是200元，那么另一个信封可能是100元，也可能是400元。如果一个信封是300元，那么另一个信封可能是600元或者150元。这个人让你和另一个陌生人各自挑选一个信封，在挑选好之后，你愿意和对方交换手里的信封吗?

这是博弈学中的一个经典案例，在这个博弈中，每一个人在拿到一个信封后（无论是先拿还是后取），必定会猜想对方信封里的钱，对方信封里的钱可能是自己的一半，也可能是自己的两倍，这两种概率都是一样大的。那么人们会不会交换信封呢? 面对这个问题，可以假设A信封里的钱为400元，这个时候，对方信封里的钱不是800元就是200元，因此A需要进行预期回报的计算，以此来决定自己是否交换。A交换信封的预期回报是（800+200）÷2=500。也就是说，A的预期回报是500元，比当前信封里的钱要高出100元，因此他可能会毫不犹豫地交换手里的信封。

按照这种计算方式，B也会对自己的预期回报进行计算，假设他打开信封后发现里面装着200元，这个时候就会猜测A那儿要么是400元，要么是100元。因此他的预期回报是（400+100）÷2=250。这个时候，B的预期回报仍旧高于信封中的钱，因此B也倾向于进行交换。也就是说，无论是A还是B，都倾向于进行交换。

经过计算，似乎双方的预期回报都很不错，预期收入都在增加，简单来说，这一次交换似乎对双方都有利，能够增加双方的收入。从现实的角度来分析，这样的推理和策略几乎毫无意义，因为钱并不会无缘无故地增加。在这场博弈中，交换双方的钱只会在彼此之间流动，但总额并不会发生任何变化，一方增加收益时，另一方的钱必定会减少。可以说，A在交换后有可能会从400元变成200元，而B也有可能从200元变成100元，而不是像预期的那样都会增加回报。也就是说，这样的分析基本上与现实情况相脱节，人们对于预期回报的计算和执着完全不合理。

在这个交换信封的游戏中，博弈双方实际上都在关注和强调彼此交换后的预期回报，却忽略了潜在的风险，而且这种风险实际上非常高。在日常生活中，很多人都喜欢攀比，都认为他人的东西比自己的要好，认为他人的工作比自己的更有发展空间，认为他人的房子比自己的更大，认为他人的投资比自己的更成功，认为别人送的礼物比自己送的更加贵重，认为别人的婚姻比自己的婚姻更幸福。如果有可能的话，他们更希望和对方交换生活，更希望去体验他人的生活。著名作家钱钟书认为婚姻就像一座围城，城外的人想进去，城内的人却想出来。对于那些没有结婚的人来说，他们渴望过结婚的日子，而结了婚的人，却期待着能够像那些没结婚的人一样生活。在生活的其他方面，往往也会出现两种截然不同的策略，而人们通常会选择和自己生活截然不同的策略。

按照这种思维模式，人们在生活中往往会对自己的东西产生贬低的心理，而觊觎他人手中的东西，这种策略实际上往往会带来不良的影响，人们会在相互羡慕中丧失自信，并且容易因此而落入一些陷阱。从心理学的角度来分析，人们总是倾向于追求那些未知的和没有的东西，并且认为那些东西非常好，至少比自己拥有的东西更好。而对于自己熟知的和拥有的东西，会表现出一定的漠视，会低估自己拥有的东西的价值。却不知道任何一种交换可能都会让自己陷入更糟糕的境地，而不是更好的状态。

如果对文章开篇的游戏进行设定，假设一共有5个钱包，分别可能是100元、200元、400元、800元以及1600元。假设A打开信封后直接拿到了1600元，这个时候他不会同意交换信封，因为B想要交换时信封里必定最多只有800元。同样地，当B拿到800元信封的时候，如果A想提出交换，往往意味着他的信封里的钱最多只有400元，因为如果是1600元的话，A不会提出交换的，因此他猜测A的信封里大概装了400元或更少。以此类推，既然当B拿到800元信封的时候做出拒绝，那么A的信封里是400元的时候，也要做出拒绝，因为这个时候对方想要和自己交换的前提就是对方最多只有200元（如果B的手里不是200元而是800元，那么A没有理由做出拒绝）。一旦A的信封里装着400元时做出拒绝交换的策略，那么B的信封里是200元时就该拒绝交换。按照这种逻辑，当B发现信封里是200元时，也不要去交换，因为此时A交换的唯一条件是他的信封里只有100元。

按照这个博弈的策略，两个人会相互推理和推测，预测各自的策略，而等到双方都意识到彼此博弈的方式时，就会发现，在交换的时候很有可能会交换到比自己更差的东西，而这样的推理过程也解释了一个问题，那就是人们永远不会发生信封交换的事情。

# 第四章

# 管理博弈的关键在于赢得对方的信任

在管理当中，管理者应当依据具体的场景运用贝勃效应，并且尽量控制好这种刺激的顺序、幅度变化与节奏，只有这样才能更好地掌控员工的心理，才能引导员工接受公司相应的安排。

## 对比思维：人事管理的大刺激与小动作

某公司准备推动下岗再就业的活动，而这项活动会对那些在工作岗位上工作多年的老员工带来很强的冲击，弄不好还会引起内乱，因此公司高层对此事非常重视。这个时候有人提出了两种策略，第一种是先从小事做起，一点点进行改革，比如先将某部分人从岗位上拉下来，重新进行考核，重新安排工作，然后逐步扩大范围，并且逐步将改革从基层推广到高层，逐步从边缘人物推广到核心人物。在他们看来，这样的策略能够有效缓和老员工的反抗心理，让他们在一点点的改变中接受现实。

第二种策略恰恰相反，那就是先从高层干部开始动刀，整个改革自上而下进行推广，先让那些核心人物和高层领导下岗，参加考核，并参与新一轮的就业竞争。接下来将改革的触手伸到中高层干部和基层干部、普通员工身上，并且改革的力度从上到下不断降低。这样做就是为了给老员工更多的心理准备，提升他们的抗压能力。

那么这两个策略究竟哪一个更好呢？也许很多人会认为第一个更好，

整个博弈过程相对温和，采取循序渐进的方式，似乎不太容易引起太大的波动。但事实上，这种策略很容易让员工产生更为敏感的心理，他们会意识到改革的力度越来越大，并且担心这些改革方式会影响到自己的正常工作，可能会严重摧毁他们的信心。

而第二个策略则不存在这样的事情，由于一开始就使用了很大的力度，一开始就选择让高层领导下岗，然后逐步往下改革，老员工往往会意识到这样一个问题："连上级领导都下岗了，我下岗就业也就没什么可大惊小怪的了。"

从博弈的角度来说，第二个策略是一种典型的运用贝勃效应进行博弈的方式。贝勃效应是一个非常著名的社会心理学效应，它的主要内容是说，当人一开始就经历某种比较强烈的刺激后，个人的情感和情绪会受到很大的影响，这些影响可能会在一定时间内造成不适，却也会成为第二次刺激的一个缓冲，当人们在第二次面对一个更小一点的刺激时，人们的感觉并不明显，情绪和情感受到的冲击会大大降低。很显然，在经过第一次的剧烈冲击之后，人们已经产生了适应性，第二次的刺激无疑被冲淡了很多。

贝勃效应是一种非常巧妙的博弈策略，管理者可以将其用于一些内部的改革、内部制度的推行等容易引发激烈反应的事情。在整个博弈过程中，贝勃效应能够最大限度地降低对方的不适感和威胁感。想要了解这一点，可以用具体的数字来直观地进行表达。

某个企业由于资金运转不利，准备暂时下调成本消耗，第一次就直接取消了每人每个月200元的电话补贴和400元的油费补贴，接下来又取消了每天中午的咖啡供应（价值5元）。结果由于第一次就失去了200元的电话补贴和400元的油费补贴，员工对于第二次取消中午咖啡的做法已经逐渐适应了。如果将策略实施的顺序反过来，第一次取消中午咖啡供应，而第二次取消电话补贴和油费补贴，那么可能会引起更大的不适和警觉，员工会认为下一次可能将会失去更多的福利，从而对公司的做法产生更强的反抗心理。

需要注意的是，在一些注重长远利益分配方面，贝勃效应可能会产生一些反作用。比如公司准备给员工发工资，发工资的方式和策略可以分为好几种。第一种是每一次增加的工资都是一样的，比如第一次给员工发了1000元工资，第二次发了2000元工资，第三次发了3000元工资，第四次发了4000元工资。在这个模式中，每一次都增加了1000元的工资，依据这样的规律，员工很容易猜到下一次自己会获得5000元的工资。

第二种是每一次工资的增长幅度都在逐渐上涨，比如第一次的工资为1000元，第二次的工资为1500元，第三次的工资为2500元，第四次的工资为5000元。面对这样的加工资模式，员工一定会想着下一次发工资至少应该在6500元。

第三种是每一次增加工资的数量都在减少，比如第一次发的工资仍旧为1000元，第二次发的工资为2300元，第三次发的工资是3200元，第四次发的工资为3500元。按照这种趋势，下一次发工资可能低于3800元，因为最近一次只增加了300元的幅度，那么接下来的一次将会小于300元的幅度。

经过分析，这三种分配方案付出的工资都是一样多的，可是产生的效果天差地别，按照第一个稳定增长的策略，员工对于工资的期待会停留在5000元的水平上。对他们来说每一次的刺激都差不多，对自己的影响不算很大。

第二个策略则是不断增加刺激的策略，第二次比第一次增加的幅度要大，第三次比第二次增加的幅度要大，第四次比第三次的刺激要大，因此接下来的第五次，可能会形成一个高于6500元的预期目标。这个策略虽然可以刺激员工不断努力，但对于日后的管理非常不利，因为越到最后意味着越大的成本消耗，因此这个策略并不适合管理。

第三个属于不断降低刺激的策略，按照这样一个策略，员工的工资虽然不断上涨，但是由于上涨幅度正在变小，他们会意识到之后的工资甚至很难突破4000元了。这对于他们来说绝对是一个打击，容易影响他们工作的积极性，尤其是对于那些立足长远，渴望获得更好发展空间的员工来说，刺激下降并不是什么好事。最合适的可能还是第一种策略，增长的幅度不仅在可接受范围之内，也能够对员工形成一定的激励作用。

管理者应当依据具体的场景运用贝勃效应，并且尽量控制好这种刺激的顺序、幅度变化与节奏，只有这样才能更好地掌控员工的心理，才能引导员工接受公司相应的安排。

# 主动倾听是管理中最佳的博弈策略

英特尔公司一直都面临着管理和执行脱节的情况，一开始公司认为问题出在员工身上，因为员工总是将一些看起来再明了不过的任务搞混，公司开了数次内部大会，高层不断为中层施加压力，要求他们强化内部的管理，而中层干部又往基层施加压力，要求员工必须严格按照公司的规定完成公司下达的每一项任务。

公司不断采取施压的策略，可是这样的效果并不好，因为员工还是无法将工作做好。后来公司高层意识到这种脱节问题可能在于沟通上，他不得不改变策略，将“告诉员工应该怎么做”变成“听一听员工是如何看待这些工作的，听一听他们想要怎么做”。

很快公司就安排高层领导前往基层走访，倾听各个部门员工的心声，了解一下他们究竟是如何看待工作的。而经过这样的活动之后，公司收集了很多有价值的信息，听取了很多员工的建议和意见，而这些又成了公司制定新政策的重要参考。

对于英特尔公司的做法，其实很容易理解，因为英特尔已经意识到了“让员工听我说”与“听一听员工怎么说”之间的区别。比如“让员工听我说”的策略往往会引起员工的消极对待，考虑到整个英特尔公司存在的诸多问题，这种纯粹指令式的做法会引起反感，员工会认为公司正试图将所有责任推到自己身上，这显然是不公平的，尤其是员工平时所扮演的角色和承担的责任，都不足以成为替罪羊，因此管理的混乱还将继续。当公司愿意采取倾听策略时，员工首先会意识到自己受到了尊重，会认为自己的想法和价值正在引起公司的关注，因此他们会迫不及待地想要表现自己，想要说出自己的想法和理解，他们也乐于提供一些非常好的建议。公司高层也必定了解这一点，他们希望给予对方更多的博弈空间，而这有助于彼此之间加强互信。

在管理中，管理者通常会忽略这一策略，或者说他们更愿意采取一些更为直接的传统的方式来解决问题，他们会坚定地认为自己就是企业的决策者，就是掌控一切的那个人，但是问题在于员工可能会对这种权力产生恐惧和排斥心理。而且从团队运作的角度来说，员工必定希望增加自己的戏份，希望自己成为团队中非常重要的一部分，这个时候双方之间的权力需求不可避免地会发生冲突，对于员工来说，他们同样会认为这是一种威胁。在一个管理者说什么就是什么的环境中，员工会感受到威胁和不自在，他们不太可能做出更为友好的积极的工作策略，这一点在现实中已经无数次得到了验证。可以说全世界几乎没有一家公司是可以完全依赖统治性、剥夺性的管理方式来赢得员工信任的，富士康在过去一直被称为“血汗工厂”，但问题在于它如今也在调整和改进，至少员工已经不像十年前那样痴迷于进入这样一家公司了。

聪明的管理者正在逐渐改善自己与员工的关系，而这种改善的本质在于凸显员工的地位，在于尊重员工的价值与责任，而倾听无疑是最佳的策略，它带来的积极效应可能远远超过过去那种死板的专制控制模式。从利益的角度来分析，人们也会认为倾听将会是一种双赢的合作局面，管理者赋予员工更多的权限，给予员工更多的尊重，而员工作为回报，必定会提供更富有价值的建议、更加积极的工作态度以及更为强烈的集体荣誉感。

所有的积极效应都是显而易见的，人们可以通过某种博弈模型来了解相关的情况。假设员工拥有沉默（服从指令）和建议（对抗权威）的策略选择，而管理者可以采取倾听和专制的管理策略，那么双方在沟通中往往会出现四种策略组合。第一种是员工一直在积极提供建议和意见，但是管理者要么不闻不问，要么直接否认，他们更希望按照自己的想法行事。这个时候员工的积极性会受到打击，并且将这种挫败感体现到工作当中。

第二种是员工积极提供建议和意见，管理者主动倾听了这些想法，并且做出了积极的回应，这个时候，双方之间的关系是最融洽的，彼此之间的合作也最好。按照这种策略，双方能够保持良好的工作势头，能够极大地提升工作效率。

第三种是员工保持沉默，一直采取服从命令的态度做事，他们对于公司的所有事情都不闻不问，公司要求做什么就做什么。而管理者不断下达各种指令，不断强化自己的独裁专制行为。在这个时候，双方的关系非常冷淡，管理者会试图掌控所有的工作，因此他会变得很累，工作效率必定下降，而且还容易出现错误。而员工则始终保持沉默状态，对于工作的积极性不断下降，直到产生职业倦怠症。

第四种是员工保持沉默，而公司的管理者则希望从员工这儿倾听一些有价值的信息，希望员工能够给出一些建议和意见。这种情况下，管理者试图改善自己与员工的关系，试图提升工作效率，更多地让员工参与进来，但是员工可能受到以前工作环境的影响，不愿意过多参与，不愿意给自己“增添麻烦”，这个时候整个公司的沟通依然非常糟糕，整体上处于脱节状态，管理者常常会感到无助。不过如果在一个重复多次的博弈中，管理者能够坚持一直采取主动倾听的策略，那么员工往往会放下心里的成见和固有的观念，慢慢融入群体决策当中，会变得更加活跃，变得更具有主人翁意识。

分析这四种情况，就会发现第二种情况是最好的，当员工积极提供建议和意见，而管理者又能够主动倾听这些想法时，整个沟通最顺畅，效果也最好。双方可以建立互信机制，并且在今后的沟通中表现得更有默契，整个公司的工作效率无疑会得到巨大的提升。而第四种情况从长远来说，也会产生积极的效果，对于整个公司的沟通和发展起到很大的推动作用，可以说，主动倾听是一个最佳的策略。

# 胡萝卜加大棒的博弈思维

前面谈到了古典管理理论和泰罗制，这些理论认为人是一种“经济人”，每一个人都在追求利益的最大化，而工作者的工作动机就是为了获得更多的报酬。因此对于管理者来说，引诱和控制其他人的方法就是物质诱惑或者物质奖励，即给接受管理的人更多的胡萝卜。

这种理论使得管理者变得更加温和，也让管理者与被管理者的关系更加紧密，可是如果将管理完全寄托在物质奖励上，可能会造成管理上的疏漏。员工在接受物质奖励的时候，一方面会对物质产生更强烈的欲望，但是另一方面可能会因为物质刺激过多而产生倦怠感，一旦他们觉得自己已经在物质奖励中得到满足，就会丧失这种工作的动机。企业与员工之间的博弈，会演变成这样一个过程：员工采取努力工作的策略——企业制定奖励策略——员工受到刺激，继续采取努力工作的策略——企业不得不加大刺激——员工意识到企业似乎没有其他更好的应对策略了，开始消极怠工，采取减少付出的策略。

现代管理理论认为人不仅是经济人，而且还是有丰富情感的动物，人们爆发出来的一些情感有时候不利于管理的实施，而且还会干预人对经济利益的合理要求。管理者为了强化管理效果，就需要改变策略，想办法运用更加强势的手段对个人的情感和行为进行控制，他们需要展示出更加丰富的策略来应对可能出现的一些消极状况。

一个很简单的例子是，当一个员工第一次偷懒的时候，如果没能得到有效约束，那么他可能会出现第二次、第三次偷懒的情况，而且每一次都比之前更加严重。对于管理者来说，他们需要改变之前松弛的、仁慈的管理方式，不能总是运用奖励的方式来刺激员工，不能总是用理性经济人的那一套管理方式，需要适当地对这些违反纪律的行为进行敲打和处罚。

就像赶毛驴一样，驴子在赶路或者运输的时候也经常会偷懒，不肯往前走。为了驱赶驴子赶路，骑驴的人会在一根竹竿上系上一根胡萝卜，然后将竹竿放在驴的前面，这样驴为了吃到挂在前面的胡萝卜就会一直往前赶。可是如果总是用这种方法来赶毛驴，久而久之，毛驴可能会对胡萝卜失去兴趣，这个时候，骑驴的人需要采取一些更暴力的方式：准备一条鞭子，只要毛驴不肯往前走，就适当地举起鞭子抽打它，这时候驴子会变得非常听话。

单纯的处罚和制度规范，显然也不能够完全约束员工的行为，因为面对高压管理的策略，员工可能会制定新的对抗策略，包括消极怠工、直接进行反对、直接离职走人。事实上，随着用工制度的完善，随着员工维护自身利益意识的提升，企业和管理者一味采取高压政策，往往会引发内部的不和谐。管理者必须衡量和评估高压策略带来的负面影响，必须评估对方可能采取的一些极端反抗行动，而自己到时候应该如何应对这些反抗性的策略呢？

对于管理者来说，如果想要确保双方之间实现一种均衡，那么就需要采取胡萝卜加大棒的策略，物质激励可以激发员工工作的动力，制度上的约束和惩罚可以避免员工脱离自己的责任。面对这一策略时，员工如果想要确保自己获得更稳定的收益，那么就会想办法约束自己的不当行为，同时确保自己能够努力工作。

华为公司在管理员工的时候，就是采取这样的策略，平时公司会给员工开出高额的薪水，“高薪策略”无疑能够把握住员工的积极性，但是这种积极性本身不是无限增长的，也不是永久存在的，更不会成为引导员工努力工作的永久保障。员工拥有自己的想法和策略，拥有自己的博弈思维，有时候他们可能会因为更大的私人利益而损害公司的权益。为了避免出现这种事情，公司制定了最严格的管理制度，任何犯错的人都可能遭受严惩。这些惩罚性的制度能够约束员工三思而后行，它们决定了员工是否可以顺利得到那些物质激励。

谷歌公司也是如此，公司提供的福利制度可能是全世界最好的，员工在谷歌公司可以获得更大的发展空间，可以获得更多的利益。但是谷歌内部也存在一些高压的管理制度，一旦员工犯了大错，那么可能就会失去自己拥有的一切。在面对谷歌公司这种特殊的管理策略时，员工会采取更加稳定的应对策略：安心上班，认真对待自己的工作。

需要注意的是，管理者在实施这类策略的时候可能要注意采取一些有针对性的措施。比如他们需要懂得什么时候发火，需要懂得对谁发火，对于基层员工，他们会想办法立威，用制度约束和引导基层员工的行为，可是更加注重给予恩德。因为基层员工与企业家或老板的联系更为密切，毕竟一旦企业倒闭，老板会面临失败，而基层员工则直接面临失业。中层干部则不然，这类人拥有一定的工作资历和能力，即便不在这家企业工作，也能找到其他的工作单位。此外，中层干部在企业中起到承上启下的作用，只有让中层干部听话，整个企业组织才会健康、高效运转。因此老板往往会强化对中层干部的控制，会给予更为严厉的管理，使之明确自身的角色定位。

# 班扎夫权力指数与关键加入者

A、B、C、D、E5个商人准备进行合伙创业，当企业创立之后，每个人的股份分别是20%，大家约定，只要某人或者某个联盟提供的方案有50%以上的支持率，那么这个方案就会通过，如果一个方案的支持率为50%甚至50%以下，那么这个方案就会被否决掉。经过分析，单个人的提议以及双人组合的提议都无法超过50%这一硬性标准，这就意味着人们在提出某个方案时，至少要赢得另外两个人的支持，才能够通过大家的决议（60%的份额）。而形成三人同盟的组合有ABC、ABD、ABE、ACD、ACE、ADE、BCD、BCE、BDE、CDE这样10种。在所有的联盟中，任何一个人可参与的联盟有6个，由此可知，他们每一个人的权力指数为6。

在经营一段时间之后，A提出了自己的想法，觉得大家应该按照自己的需求进行股份变更，这个时候B、C、D、E几个人觉得自己没有必要拿那么多股份，于是决定各自拿出3%的股份给A，结果A拥有了公司

32%的股份，而其他几人分别占据了17%的股份。这个时候对于其他人来说，A虽然占据了公司更多的股份，但是还没有超过50%，所享受到的决策权和其他人并没有什么不同，所以他们并不在意自己分一点股份给A。

没过多久，A再次提出了自己的想法，希望其他人可以再次各自分1%的股份给他。眼看着生意不景气，而且A在拿到每人提供的1%股份后，依然没有什么绝对话语权和控制权，因此另几个人同意了这个要求。很快A就拥有了36%的股份，其他人分别拥有16%的股份。这个时候人们依然没有发现什么问题，他们看重的一点就是没有任何人可以在内部决策中占据50%以上的股份，没有任何人可以直接控制公司。

可是对于其他人而言，他们忽略了一个问题，那就是A完全可以通过结盟的方式来获得更多的权限。比如A可以和其他人之间的任何一个人结盟，都会产生36%+16%>50%的结果，也就是说，当A与任何一个人进行结盟时，都足以掌握最终的话语权。这个时候一共有AB、AC、AD、AE四种同盟组合。

当然，A也可以和另外4个人当中的2个人组成三人同盟，分别是ABC、ABD、ABE、ACD、ACE、ADE，这些组合的最终占比更大，36%+16%+16%>50%。

同样地，A也可以和另外4个人当中的3个人结盟，形成ABCD、ACDE、ACEB、ABCE等几种组合，组合的占比变成了36%+16%+16%+16%>50%。

经过整理就可以发现，A的同盟实际上为14个（4+6+4=14）。而按照同样的方法计算B、C、D、E，可以发现他们的同盟分别是2个。这些同盟的个数被称为班扎夫权力指数（在群体性的投票中，每一位投票者都不具备单独改变投票结果的能力，不具备单独通过个人提案的能力时，每一个投票人实际上都不具备表决权，但是他们之间能够形成某种联盟关系来迫使提案获得通过，这个时候，投票者的权力体现在投票者能够与其他投票者建立联盟上，或者说投票者的权力体现为他可以加入某个联盟，并且使这个联盟从失败状态直接获胜，并使得其他联盟从获胜状态变成失败状态），因此可以知道，A、B、C、D、E5人的班扎夫权力指数分别是14、2、2、2、2，同盟越多，掌握权力的机会越大。另外，A的班扎夫权力指数比是14÷（14+2+2+2+2）=63.636%，B、C、D、E的班扎夫权力指数比为9.091%。

通过分析和观察，就能够发现A的班扎夫权力指数比其他人的总和还要高，这就意味着他在公司里的权力比其他人要大，虽然单个人不具备51%或者更高的股份，也不具备100%的决策权，但是可以成为同盟中的关键加入者。

成为关键加入者是一个非常重要的博弈策略，比如在上面的案例中，A并不具备绝对的话语权和控制权，但是只要他愿意结盟，那么就可以瞬间改变公司内的实力对比，打破原先的均衡局面，然后获得内部的话语权。

从现实的角度来说，也许情况并不那么复杂，只要人们能够在群体博弈中成为关键加入者，那么就拥有更多谈判的策略。那些潜在的结盟对象会面临新的选择：是保持原有的关系，维持之前的均势，还是想办法和对方结盟，然后利用这种结盟关系获得更多的利益？

在试图维持均势的时候，采取的策略就是拒绝结盟，拒绝者的理由很简单，他们不想打破平衡，不想让权力集中在一个人身上，他们会担心某一个人一旦掌权，可能会对其他人更为不利。当然，在采取这个策略的时候，他们中的每一个人又会担心其他人会偷偷与对方结盟（毕竟没有人会猜到其他人的想法，担心其他人会背叛之前有关均衡的协议），会想办法借助同盟关系为自己牟取私利。因此在很多时候，他们倾向于第二种策略，那就是先下手为强，果断接受同盟，确保自己可以在结盟中获得更多的利益。可以说当某个人的班扎夫权力指数高到和任何一个人都可以结成权力同盟的时候，他就会成为群体内的关键加入者，成为大家争相结盟的对象，从而对整个均衡局面造成影响。从这一方面来说，即便他没有掌控50%以上的股份，也不会妨碍他在公司内部的权力表现。

举一个最简单的例子，当A、B、C、D、E5个人正在开会商讨某个决策的时候，每一个人都提出了自己不同的看法，并且谁也无法说服谁。在这个过程中，表面上看起来，大家的博弈不会有任何结果。但是当A提出某个观点和方案时，可能会有人立即附和，这个时候平衡局面就被打破了，原先不占优势的A立即在讨论中成为主流。而且对于其他人来说，这种附和行为一定会发生，总是有人希望打破僵局，因为大家互不相让的局面就是谁也捞不到任何好处，如果选择与A结盟，那么就可以迅速扭转局面，这样就可以以结盟为条件，要求A给予自己一定的利益补偿。当某个人会这么去想的时候，其他人也能够想到这一点，他们知道，只要有一个人与A结盟，那么自己的坚持就没有任何意义，既然如此，与其在坚持立场时得罪A，倒不如做个顺水人情迎合A的想法，这样才能为自己谋取更多的利益。

可以说，虽然A本身并不占绝对的优势，可是在B、C、D、E4个人不够统一的情况下，他能够通过强化自己“关键加入者”的身份打破原有的决策平衡，并且引起其他人内部的博弈，最终的情况就是，其他人纷纷迎合A的想法。不过在某些时候，如果B、C、D、E4人一方面转让股权给A（不会让A占有超过50%的股份，不会给予A更多的决策权），一方面又形成了一个稳定的同盟进行对抗，合4个人的股份压制A，在掌握话语权后为自己谋取更多的利益，而这个时候的A虽然拥有36%的股份，但是仍旧没有决策权，此时，A实际上并不占据任何优势。

## 主动辞职还是被开除，永远是一门学问

有个员工在公司里做得很不顺心，认为老板一直都在压榨自己，一直都在剥削自己应有的权益，他不想继续在这儿待下去，并且认为自己迟早会发疯。而对于老板来说也是一样，他并不看好这个员工，认为对方的工作态度有很大的问题，尽管对方在很多时候并没有出现旷工的现象，也没有错过内部的加班，但是这个员工一直都在消极怠工，不仅影响了工作效率，也影响了其他同事的工作状态。作为一个老板，他的主要任务就是及时将这样的害群之马赶出公司。

现在情况再明显不过了，员工希望趁早摆脱老板的剥削，而老板希望赶走这个缺乏责任心和上进心的员工，可以说双方之间的目标出奇地一致，那就是员工需要离开这家公司，而且是越快越好。既然如此，只要员工选择离开，那么对于员工或者老板来说都是皆大欢喜的事情。

可如果仔细进行分析，就会发现员工想要离开公司还不是那样简单。一般情况下，员工想要离开公司有两种策略，一种是主动递交辞呈，只要

老板批准这份辞职报告，那么随时随地都可以离开公司。另一种是被动辞职，即让老板主动开除自己，这样做的话，只要老板告诉自己“你被开除了”，就可以收拾东西走人。而对于老板来说也是一样，他可以主动发出开除通知，让员工离开公司，也可以等待着员工递交辞呈，然后签字让对方走人。看起来这两个策略都是可行的，也没有什么问题，但从现实的角度来分析，可能影响截然不同。

从法律的角度来说，公司不会擅自开除员工，尤其是在员工没有犯下什么大错的前提下，员工的一切都受到劳动法与工作合同的保护，即便是老板也不能轻易开除员工，否则将会面临一大笔补偿金，或者说给员工一大笔离职金。对于老板来说，虽然他非常讨厌这个员工，也希望对方趁早离开，但是绝对不愿意为这样的人多支付一大笔钱。老板必定会这样想：“既然对方迟早都想着离开，那么总有一天会主动递交辞职报告的，我等着签字就行，这样就可以省下一大笔钱。”

从员工的角度来分析，他自然也了解老板的那些想法和策略，自然也知道贸然离职绝对不利于自己，所以在选择离开的策略时，更加倾向于让老板下达开除自己的命令，当对方将自己开除之后，自己就可以在临走之前保证利益的最大化。

可以说，老板的最优策略是员工主动提交辞职报告，然后自己等着签字，而员工的最优策略则是等着老板开除自己，然后自己领走一笔补偿金或者离职金。由于双方都指望对方先走出这一步，以至于双方始终保持僵持的状态，结果员工不得不一直赖在公司里，继续在公司里遭受折磨，而老板也需要继续忍受员工的消极态度，从长远来看，这是一个双输的局面，双方在追求各自利益最大化的时候，反而产生了利益最小化的尴尬局面。

打破这个尴尬局面的关键就在于必须有人先走出这一步，或者双方达成某种妥协，而想要做到这一点，可以对自己的收益与损失进行核算。比如对员工来说，他必须明确一点，自己无论如何都不太可能迫使老板开除自己，留下来会成为一个不得已的策略。这个时候，员工可以想办法进行分析，看看自己留下来是不是合理，看看自己一直等着老板开除自己的策略是否更加划算。员工可以看看自己是否能够找到一份更好的工作，这份新工作的收益是否能够弥补自己在主动辞职后失去的补偿。如果这份新工作的工资比这家公司的工资高出很多，那么就没有必要继续耗下去，直接递交辞职报告就行。反过来说，如果员工没有找到更好的工作，也没有找到合适的房子居住，那么就没有必要急于一时，可以继续等待，看看老板的反应。

老板也可以对自己的一些策略进行分析，看看自己是否有必要一直等着员工递交辞职报告，他需要认真分析员工消极怠工所带来的负面影响，如果这些负面影响大大超出了自己要支付的补偿金，那么还不如直接宣布开除对方，然后给对方一些补偿。如果他觉得补偿金的损失太大，不妨再考虑是否要继续耗下去。

一般情况下，双方不太可能无限期地耗下去，尤其是用人单位大概会面临更大的压力，因此双方为了减少损失，可以适当进行一些合作性的对话，比如各自退让一步，员工少拿一点补偿金，然后接受被开除的命运。或者说员工主动辞职，然后老板需要适当地给予一些补偿，这样双方以一种比较和平的、友好的方式分手。在很多时候，如果双方之间的矛盾无法调和，可以动用工会组织的力量来解决问题。

无论是哪一种方式和策略，本质上都是为了尽量减少彼此之间的伤害，尽量避免双方处于一种僵持、彼此互不退让的尴尬状态，这样的状态毫无疑问是整个博弈中的劣势策略，应该在第一时间排除掉。

## 你期待员工成为什么人，他们就会成为什么人

阿里巴巴创始人马云曾经在微博上这样写道："脾气好的老板，一般都不是好老板。任何强大公司都不会给员工安全感，而是用最残忍的方式激发每个人变得强大，自强不息！凡是想办法给下属安全感的公司都会毁灭的，因为再强大的人，在温顺的环境中都会失去狼性！凡是想方设法逼出员工能力，开发员工潜力的公司都会升腾不息，因为在这种环境下，要么变成狼，要么被狼吃掉！最不给员工安全感的公司，其实给了真正的安全感，因为逼出了他们的强大，逼出了他们的成长，也因此他们有了未来！

"如果真的爱你的下属，就考核他，要求他，高要求，高目标，高标准，逼迫他成长；如果你碍于情面，低目标，低要求，低标准，养了一群小绵羊、老油条、小白兔，这是领导对下属前途最大的不负责任！因为这只会助长他们的贪婪、无知和懒惰。让你的下属因为你而成长，拥有正确的人生观、价值观，并具备完善的品行。不断地成长，就是老板对下属最

伟大的爱！”

面对员工管理尤其是执行力和工作效能的管理时，很多管理者都会认为只要将员工的行为约束在制度范围内就行，只要员工能够按照规则做事，能够按时完成任务就行，根本没有必要对员工提出什么额外的要求，也没有必要给员工设置什么障碍。对他们来说，工作就是单纯地完成任务，仅此而已。但是一个优秀的管理者会用高要求、高标准来约束员工，会要求员工变得更好，他们的策略就是为员工设置一种正面的积极的挑战。

如果管理者的策略是“高要求”和“高期待”，那么员工给出的策略往往也会是“信任”和“回报”，他们会觉得自己能够获得管理者和领导的重视，觉得自己有责任变得更好，觉得自己需要用更好的表现给予对方更多的信任和回报。员工的这一类回报性很强的策略，无疑会让管理者感到开心，他们接下来更愿意帮助员工获得成长，更愿意提供一些高标准来刺激员工的成长，整个团队很快就会形成一种积极的监督和良性的成长，而员工最终能够从公司和团队中获得更多的利益。

在这个方面，谷歌公司做得非常出色，许多人都知道谷歌公司的管理是最自由的，但事实并非如此。作为一家创新型科技公司，谷歌公司的工作氛围不亚于苹果公司，很多谷歌员工都认为自己的工作压力很大，因为公司随时随地都会提出一些创新的要求，会让员工保持在一个非常高的工作层次上，尽管员工可以在办公室走来走去，可以到外面的操场上休息，但是必须出成果，所有的人和部门都需要给出一些有创意的东西，需要创造更高的价值。

近年来，有很多人都被谷歌公司开除，原因很简单，他们已经无法适应公司的高要求、高水准了。但是更多的人还是获得了成长的机会，他们会将这一切当成自己成长的一种正面激励，会意识到公司所做的一切都是在推动所有人变得更有价值，而他们想要获得公司的认同，想要体现并实现自身的价值，一定会制定“努力上进”的策略，会表达对管理者的信任。在这种博弈氛围中，整个团队的发展就会获得更多的助力。

当管理者给出高要求的策略时，员工还可能给出另一种策略，那就是变得更加消极，员工会认为管理者在针对自己，在给自己施加一些无意义的压力，他们必须想办法做出调整，必须想办法做出一些实质性的对抗，让对方意识到自己不喜欢这么做。所以员工很有可能会进行破坏，或者刻意消极怠工。一旦这些策略被管理者发现，管理者又会强化自己的控制和要求，而员工的反抗情绪和对抗策略又会增强，这样就形成了对抗性的恶性循环。

同第一个策略相比，员工采取消极对抗的策略，无疑会让情况变得更糟，因为自己根本无法获得更多的收益，甚至可能会一事无成而被开除。从利益考量的角度来说，员工应当选择第一种策略，即用信任的态度面对管理者，同时想办法拿出最好的表现来回报管理者。

关于这一点非常重要，有个人向朋友诉苦说自己一直被公司压榨，老板经常让他做一些难度比较大的工作，但是工资却没能增加，这让他感到心烦意乱，他不喜欢这种被随意支配的生活，于是想要辞职离开。朋友想了想说：“我看还是这样吧，你不妨再看几个月时间，争取做点成绩出来，到时候直接走人，这样也可以故意气一气你的老板。”结果三个月后，这个人正准备向老板提出辞职，还没说出口，却被告知已经获得了提拔，成了该部门的主管。这个时候，他终于意识到老板之前一直都在给予自己足够的历练，一直都在以高标准来要求自己、锻炼自己，因此很快打消了辞职的念头。

很显然，从管理者的角度来说，他们或许看得更为长远和深刻，对于他们来说，给员工设置一些更高的要求无疑是更好的策略，这些策略能够有效提升员工工作的积极性。反过来说，如果公司施加的压力不够，始终松松垮垮地对待员工，对他们没什么期待，始终提供最低限度的工作量和最容易完成的工作，无疑会让员工产生一种“工作毫无挑战和意义”的想法，或者会认为自己的工作只是在记流水账一样，根本不值得付出更多，因此最终也会以最差的工作状态应付了事。

360公司的创始人周鸿祎在看完《如何正确地作死一家公司》后做出了这样的评论：“公司搬到舒服的大楼里，都是创业精神的流失，奔着公司高收入、高福利、环境好、人性化管理去的员工多了，就会改变文化，每天抱怨的不再是产品进度，而是伙食，每天讨论的不再是用户反馈而是车位分配。”

百度总裁李彦宏在谈到如何激励员工的问题时，曾提出“淘汰小资”的观点：“什么是小资，我的定义是有良好背景，流利英语，稳定的收入，信奉工作只是人生的一部分，不思进取，追求个人生活的舒适才是全部。尤其争议比较大的是第一句话，良好的背景，流利的英语，他们说Robin你不就是这样的人吗，我说正好因为我是这样的人我才敢说要淘汰这种人。”

最近几年，职业倦怠症成了一个社会性的话题，而导致员工产生职业倦怠症的原因在于很多人在工作中缺乏挑战，失去了继续工作的兴趣。不仅如此，他们可能认为公司和管理者对自己不重视，或者认为工作本身就没有什么价值和意义，而这些往往会让他们丧失更多的竞争性，也会失去展示自我价值的机会。

## 想办法赢得下属的承诺

在要求下属做某一件事的时候，很多管理者的第一感觉是“利用权力和地位要求下属做事”，这是他们的常规策略，而这种想法实际上建立在社会层级和权力分配机制基础之上，管理者的方法通常比较简单粗暴，即主动施加压力，对他们而言这是一种非常容易做出来的策略。而作为执行者的下属，他们并没有任何理由做出更多的拒绝，也没有太多选择的余地，不过这并不意味着下属不会采取一些消极怠工的策略进行回应，又或者他们可能会逃避责任，至少一个下属不太可能长时间在这种高压状态下工作。

从效果上来看，这种强权和高压策略并不是最好的，这是对下属工作积极性的一种磨损，尤其是在一些超出下属工作责任以外的事项上，下属必定会想办法给予一些反抗。“这项工作我做不了，我很想参与进来，但更加担心将工作搞砸”，“我还没有想好，我手头的工作一直没有做完，恐怕会影响自己的分内工作”，“这件事有点难，让我想一想，也许需要很长时间，我不清楚你是否等得起”。

强扭的瓜不甜，强制下达命令和强制要求执行同样会影响士气，对于整个组织或团队的内部关系造成不利影响，换句话说，一旦队员在团队中感到不自在，那么工作状态肯定会受到影响。那么该如何让下属更加主动地接受上级下达的任务呢？一些有经验的领导者会给出这样一个答案：让下属自己做出承诺，只要做出了承诺，他们接下来会努力去实践自己的诺言，这样就达到了最终的目的。因此他们的策略是“想办法让员工自己揽下这份工作，或者至少要表态愿意接受这份工作”。

在分析这个答案之前，我们可以先稍微了解一下安利公司的营销方式，众所周知安利公司最大的特色，就是安排推销员直接上门进行推销，这是一种非常典型的直销模式。推销员每天的工作就是挨家挨户去敲门，住户往往非常反感这种行为，一些人会连续几次都做出拒绝，一些人为了永绝后患会购买一些产品，还有一些人会被打动。但是很多购买产品的人在之后几天会后悔自己买了不该买的东西而纷纷退货，对安利公司来说，这是一笔意外的损失。

为了降低退货率，减少损失，公司的负责人改进了原先的工作办法，直接让顾客自己填写销售记录本（即×年×月×日，×××购买了×产品），而这些事情原本是销售员自己做的。当销售员采取这样的策略之后，顾客的退货率下降了很多。许多人都对安利公司的这种做法非常感兴趣，他们并不清楚为什么简单的角色转换，就可以产生这么大的魔力，要知道如果顾客对产品不满意的话，随时可以退货，无论是谁填写的记录都不具备法律效力。

心理学家很快找到了其中的因由，安利公司运用了承诺一致原则。所谓承诺一致原则是指，在面对一件事的时候，人们可能会做出某个决定，或者选择某个立场，即便这些选择并不明显，但是只要下定了哪怕一点决心，人们就可能会受到影响。他们将会感受到来自个人以及外部的各种监督性的压力，在这些压力下，人们会不断强迫和引导自己在接下来的言谈举止中迎合那些决定和选择，在他们心里那些就是一种承诺。为了兑现承诺，人们不得不想办法确保自己的所有言论和举动与之前保持一致，并且千方百计证明自己这样做是合理的、值得的，也是非常有必要的。

承诺一致原则具有很强的实用性，可以有效增强领导力，或者说它本身就是团队领导力的一个组成部分。类似的情况在企业内部同样存在，企业家或者老板为了让员工按照公司的计划工作，或者安排员工做一些计划以外的事情，通常不得不采取强化指令的策略向员工和下属施加压力。但即便如此，下属和员工也有可能消极对待，因为他们感受到了那些指令的威胁性，这让他们感到恐惧和不适，并且不会全身心地投入到工作当中去。对于一些聪明且富有经验的老板来说，他们可能会想方设法获得员工给出的承诺，比如询问员工："这个任务很适合你，你能够完成吗？"一旦员工点头答应或者表示可以尝试一下，那么就意味着已经做出了承诺。

在管理者与下属的博弈中，承诺一致原则就是一种有效的策略，它所表现出来的那种强大的心理暗示会引导下属自己去完成承诺的工作，而管理者要做的事情很简单，就是让下属做出一个简单的承诺。一旦下属们做出承诺要做某件事，就会强迫自己"我已经决定了做这件事，那就去做吧"，或者给自己一些更积极的暗示"这件事没什么，我觉得非常有必要去做"，在这个时候，承诺机制会发挥作用，个人的大脑开始自动屏蔽那些不利的信息和暗示，开始屏蔽那些可能带来消极体验的想法，然后不断催促自己去做这件事。

除了一些自我暗示和提醒之外，道德因素在制约人们言行方面起了很大作用。比如很多下属一旦做出承诺，就会意识到自己必须去做这件事，因为这是体现个人素养、礼貌的一个重要方式，如果自己无法兑现承诺，那么除了来自管理者的批评和厌恶之外，还将要面对其他同事的鄙夷，还要背负一个“不诚信”的骂名，他们不愿在道德上受到任何压力的束缚，因此，无论自己的承诺是否合理，他们都会告诉自己“这是一个诚信之人应该去做的事”。

在整个博弈中，管理者非常巧妙地了解了下属的心理运作机制和想法，也能意识到对方接下来的策略，所以他们会将“我和下属之间的博弈”直接转化成“下属和下属本人之间的博弈”，下属会为了兑现承诺而给自己不断施加压力和动力。

总而言之，相比于直接施加影响，或者强迫对方，真正的管理应该是一种强大的渗透力，一种积极的影响力。管理者没有必要非要动用强权和地位来约束下属，来下达一些具有威胁性的指令，只需要想办法引导对方做出一些小承诺即可，这个承诺可以是一种比较明确的表态，比如一次口头上的允诺、书面上的认同，又或者是一个漫不经心的认可。无论怎样，一旦对方做出类似的承诺，就会约束自己的言行，并按照先前的承诺办事。

第五章

# 在投资中运用灵活的博弈思维

在整个博弈过程中，要切记不能心存侥幸，不能用侥幸心理来做出决策，毕竟任何一次投资都需要建立在理性分析的基础上，如果总是幻想着自己下一次可以扳回一局，幻想着下一次可以挣回所亏损的所有钱，那么最终的结果往往是越亏越多。

## 资本市场本来就是一个没有硝烟的战场

2010年2月1日，上海证大以92.2亿元的价格拿下了上海外滩8-1地块，由于上海证大没有那么多流动资金，于是直接找到了复星集团和杭州绿城作为合伙人，一同吃下这个大项目。大家约定了一个股权比例，其中上海证大为50%，复星集团为30%，杭州绿城为10%，磐石为10%。经过分配之后，上海证大意识到自己还是无法拿出这么多钱，其他一些公司也存在一些问题，因此不得不重新分配股权。复星集团变成了50%，上海证大则降为35%，杭州绿城仍旧拥有10%的股权，而磐石的股份下降为5%。

在新一轮分配完成之后，新的危机随之出现。由于市场不景气，复星集团、上海证大、杭州绿城纷纷出现资金运作问题，复星集团在这个项目上开始感到有些乏力，但是仍旧能够勉强维持，但上海证大和杭州绿城几乎无力进行任何投资，在这个时候整个项目投资有可能打水漂，因此，这两家公司准备将公司的股权转手卖出去。

当时合作的复星集团拥有优先购买权，而另外两家公司也非常愿意将股权先卖给它，这个时候，这两家公司拥有两个博弈策略：高价转让股权和低价转让股权。而复星集团也同样具有两个策略：低价购买转让的股权和高价购买转让的股权。

考虑到买卖双方都出现了资金问题，因此不可避免地会陷入博弈的困境，因为上海证大与杭州绿城肯定希望卖一个好价钱，这样就能够在项目中保证盈利。而复星集团认为自己的资金运转出现了问题，无力进行高价收购。所以按照“自身利益优先”的原则，复星集团在谈判中一再压价，并且声明自己收购的股权只包括证大的35%，至于其他的股权并没有任何收购的意向。这样的策略无疑具有打击性，因为两家公司拥有将近50%的股权（磐石的股权后来被它们收购），而复兴集团只收购35%，无疑会让另外一家公司陷入困境，而低价收购更是让上海证大和杭州绿城叫苦不迭。

在这样一个博弈中，复星集团采取了最典型的背叛策略，而这个策略成功的原因在于它意识到了对方一定会优先考虑将股权转让给自己，而这就使得自己掌握了更多的主动权。很显然，在资本市场的激烈斗争中，策略的制定通常和实力有关，比如复星集团在整个博弈中有了更大的优势和更多的主动权，它有足够的能力去压价。当然上海证大和杭州绿城如果没有急于进行表态的话，复星集团也无法轻易制造太多的压力。

在资本市场上，博弈几乎无处不在，考虑到追逐资本的各方势力一直都在为自己的利益而努力，他们之间不可避免地会产生一些冲突，如何更巧妙地处理这些冲突，如何在冲突中有效把握自身的利益，这才是博弈思维中最需要考量的。

比如在前面的案例中，复星集团因为收购价格和收购方式的问题影响了彼此之间的关系，不过上海证大和杭州绿城虽然处于劣势，也不甘于被复星集团压榨，因此他们采取了一个比较极端的做法，直接将自己的股权卖给SOHO公司的创始人潘石屹，当时潘石屹花费40亿元资金收购了证大、绿城名下共50%的股权。

拥有优先购买权的复星集团老总郭广昌对潘石屹的做法感到不满，他也没有料到其他的合伙人会出此下策，以亏本的价格转让股权，并且直接将矛盾转移到自己与潘石屹身上，这样的确非常棘手。当时，郭广昌试探性地给潘石屹打了一个电话："老潘，你一旦签了合同，上海所有的报纸，头版上面都是你和我的照片。"潘石屹根本没有被这种威胁吓到，他直接引用了电影《泰坦尼克号》中设计师与船长一段关于上头版头条的对话："咱们都要想清楚，别等船撞到冰山上，上头版头条。"

面对如此强硬的表态，郭广昌意识到事情不会得到妥善的解决，于是直接提出了诉讼，而潘石屹也没有退让，直接表态愿意和上海证大、杭州绿城一同应对这场诉讼。结果这场诉讼大战一打就是好几年，双方交锋多次也没有什么结果，最终复星集团决定妥协，直接撤销了诉讼，而SOHO公司也采取了"庭外和解"的策略做出适当让步，双方很快以一种和解的姿态进行谈判：复星集团直接以84.93亿元的代价从SOHO公司收购外滩8-1另外50%的股权。

可以说，复星集团在博弈中一直都在尝试着采取强势的姿态和策略，对于其他博弈者来说，这是一种威胁，而他们势必会做出更为强硬的应对措施。事实上，如果从一开始复星集团就愿意以合作的策略处理彼此之间的分歧，也许不会让整个项目一拖再拖，更不会花费更多的成本。

虽然在资本博弈中，人们制定策略的时候需要保留自己强势的一面，需要展示出自己强硬的立场，毕竟适当表现出针锋相对的态度，才有机会寻找一个更有利于自己的谈判环境，但是任何策略都需要顾及其他人的感受，需要考虑对方对这一策略的反应，如果用力过度，恐怕也会引发强烈的反弹，而这些反弹无疑会让情况变得更加糟糕。

## 投资中的选美思维

著名的经济学家凯恩斯在《就业、利息和货币通论》一书中提出“选美比赛博弈”的概念：“专业投资大约可以比作报纸举办的比赛，报纸上发表一百张照片，要参赛者选出其中最美的六个，谁的选择结果与全体参加竞赛者的平均偏好相似，谁就可能获奖，在这种情形下，每一个参加竞赛者都不选他自己认为最美的六个，而选别人认为最美的六个。运用智力，推测一般人认为最美者。”简单来说，就是选择他人认为美的那个人，所以当某人认为某个人最美的时候，他并不会将其列为“最美之人”的第一人选，反而会寻求其他人的同意。在选美的过程中，人们没有按照自己的标准进行选择，而是看重大众的偏好，或者说看重大众的平均偏好。显而易见，选美博弈揭示了一个观点，人们对于某一类东西的选择，很大程度上取决于自己和别人的认知偏差。

选美博弈实际上在生活中很常见，比如很多人在看书的时候，不是按照自己喜欢的类型和审美观点来看，不是按照自己的知识水平以及专业倾向来看，而是选择一些大众平均偏好的书来看。一些大家都觉得应该看或者值得看的书，可能在某些人眼中就是垃圾，但是人们还是喜欢看一些阅读量或者排行榜靠前的书籍。

这一点在金融投资方面也是如此，很多人会将目光放在其他投资者身上，在他们看来，自己认为这个项目值不值得投资并不重要，其他人觉得值不值得投资才是最重要的。比如很多人投资股票市场，就喜欢投资那些别人以为很不错的股票，而即便是自己做了理性分析的那只股票，也会主动放弃。可以说这些投资者对于股票的分析基本上没有任何意义，他们在选择股票时，并不会以自己评估的资产价值作为标准，而是以他们认为大家觉得这个资产的价值如何为标准。这样的博弈思维在股市中几乎占据了主流，即人们常说的从众心理，这也不难理解为什么在炒股的时候，股民往往会选择那些大家都在购买的股票。

理性的投资者会按照自己对资产价值的分析进行投资，他们如果准备购买股票，就会事先对某只股票进行分析和评估，看看相应的资产情况和增值空间，只有确定资产价值值得投资之后才会出手。而对于那些资产价值有问题的股票，即便他人如何追捧，即便股票价格涨势良好，他们也不会轻易动心。最典型的就是股神巴菲特，作为长线投资的支持者，巴菲特在投资方面更加看重理性分析，而不是感性的随大溜。他曾经强调，一只股票如果大家都在购买，那么自己就应该感到恐惧，因为这很有可能就是一个陷阱，毕竟当价格越来越高时，很有可能会面临崩盘的危险。反过来说，当一只股票被纷纷抛售，价格一直无法上涨的时候，可能正好是投资的最佳时机。

但是对于很多理性的投资者来说，他们更希望将问题简化，直接按照大众的选择去投资，简单省事，而且这种策略不一定就是非理性的，因为只要注意懂得观察局势，及时退出，那么还是能够在这一类投资中挣钱盈利的。

金融巨鳄索罗斯就是这一类人，他在投资方面秉持的原则就是在股票价格抬高的时候，如果意识到投资者还会进一步推高股价，就会购买。在这里，索罗斯的举动有些类似于博傻理论，他本身并不担心股票的价值怎么样，只要有人继续抬价，他就可以借助这一点继续造势，将价格哄抬到更高的水平上，然后趁机找到更多的股民接盘。

很多优秀的投资者善于顺势而为，在价格不断被推高的过程中寻找机会制造落差，尽管很多人会认为他们跟着其他投资者一起进行投资，只会承受更大的投资成本，但是只要价格还在上升，只要有人接盘，那么整个投资就会稳赚不赔。简单来说，当很多人都决定购买某只股票时，股票可能会从每股13元上涨到每股18元，这样的高价可能会让很多人觉得有些担忧，可是一些聪明的投资者会继续追加投资，确保整个市场依然保持热度，直到价格抬升到每股28元才收手。在这个博弈过程中，投资者并不会担心自己是否比原始股价格多花了钱，而是看重自己能在股价继续上涨的落差中盈利多少。

对于多数股民或者其他领域的投资者来说，可能无法做到像巴菲特那样理性，或者说具备巴菲特那样的理性思维，因此最常见也最实用的投资策略还是观察他人的策略和行动，至少这是一种趋势，股民会认为自己没有理由去选择一只冷门股票。不过在运用选美博弈策略进行投资的时候，应该明确一个原则，那就是尽可能听一听那些投资精英的说法，比如行业内顶尖的那1%的投资者，看看他们究竟有什么经验和想法，这些人的想法绝对比多数人的投资思维更有价值。在投资中最忌讳一窝蜂，最忌讳盲目依赖的行为，选美博弈往往会带来一些盲目投资的问题，一个好的投资策略应该建立在自我理性分析的基础上，同时倾听那些优秀博弈者的建议，这样才能确保自己在博弈中占据优势。

## 协和谬误：继续投入还是退出？

有个企业家准备经营某一个项目，由于资金不够，他找到了一位投资人，希望对方能够投入100万元，这样一来对方就可以获得30%的股份。企业家强调了这个项目的发展潜力和收益情况，投资者简单分析之后觉得可行，于是就果断在项目上投入了100万元，并期待这个项目可以快速展开。

两个月之后，企业家告诉投资者说项目基本上还是无法顺利展开，因为如果没有相关的技术和设备，项目最终会变得非常低效，而且有80%的可能会被迫终止。而购买设备将会继续花掉50万元，企业家询问对方是否有意继续投资，或者听天由命。这个时候很多朋友都劝投资人要小心，毕竟这个项目的前景非常不明朗，此时贸然投入更多的钱，只会让自己亏损更多。

投资者也意识到了这一点，他在投入100万元之后，完全有两种策略可选择：第一种就是不再投入50万元，随时等待项目破产，然后选择退出；第二种就是继续投入50万元，确保项目继续下去。而在选择策略时，投资人还是毫不犹豫地选择了第二个策略，原因很简单，相比于已经投入的100万元，继续投入50万元几乎不算什么，毕竟如果不尝试一下，那100万元几乎就会打水漂。

如果让其他人做出选择，恐怕也会做出类似的策略，尽管旁观者会一而再，再而三地提醒他们需要提前止损，需要想办法让自己尽早脱身，以免越陷越深，可是从第一笔投入的资本变成了沉没成本（以往消耗掉的费用变成了不可回收的成本）之后，他们就会产生这样一种心理："如果我放弃了，前面的投资就彻底失去价值，如果我继续投资，或许还有盈利的机会，还能将前面投入的成本挣回来。"可是他们却没有认真思考过这样一个问题："万一自己的亏损又加重了呢？这个时候自己是否还需要继续投资呢？"

对于多数博弈者来说，他们在给出一定的支付之后，并不会认真考虑这项投资所产生的精力消耗与收益之间是否能够达成平衡，其结果往往是越亏越要投资，越要投资越亏，这是一个无底线的恶性循环。

这一点和赌博非常相似，当赌徒第一次输掉10000元之后，他往往不会就此离开赌场，而是想办法将输掉的10000元挣回来，所以第二次会继续赌钱，直到又输掉10000元，接下来他继续赌下去的决心变得更为强烈，并且很快就会投入更多的钱去赌博。这个时候赌徒的悲剧已经注定了——倾家荡产，债台高筑。

无论是投资还是赌博，当人们决定在失败之后继续投入，这就是一种协和谬误，其原理就是人们在第一次博弈中支付的大量成本变成沉没成本之后，必定会寄希望于第二次能够收回这些成本，结果往往会越陷越深。

协和谬误往往是一种有效的博弈策略，比如当一方引诱另一方继续投资的时候，就是利用了这个理论，他意识到对方一定会在“继续”还是“退出”的策略中选择“继续”。从心理学的角度来分析，那就是一旦人们在某个游戏中失去了某一样东西，如果有机会去拿回这些东西，他们会毫不犹豫地继续这个游戏。

协和谬误在各类投资中非常常见，在一些合作当中也比较常见，通常发生于投资或者合作之后出现的失败场景当中，参与者并不甘心就此退出，退出意味着之前所有的投资和努力付诸东流，他们需要维持自己获利和成功的一些希望，而继续参与和投入则成了一个自我拯救的突破口。无论如何，人们对于沉没成本的看重可能超出了想象，它就像一条拴在脖子上的绳索，只要人们放不下这个，它就会越勒越紧。而博弈者通常会以他人的沉没成本作为策略来引诱对方继续投资，继续分担自身的亏损。

比如某人做生意亏了一笔钱之后，可能想要捞回成本，但是害怕再次投资后会亏损更多，到时候可能会继续增加自己的经济负担。为了解决这个问题，他会邀请其他投资者入局，一旦将其他投资者带进来，他的情况就会好转。如果这一次的资本注入使得情况得到了好转，那么自己有机会盈利，收回之前的亏损。即便这一次还是亏损，亏的也是对方的钱，自己并无损失。而且他知道，一旦亏损之后，对方往往会被这个项目套住，而继续往里面投资，这样就可以提升自己盈利的概率，并帮助自己分担可能出现的亏损。

对于那些受到引诱的人而言，他们需要保持更为理性的头脑，需要运用更加理性的思维来分析其中可能潜藏的陷阱。比如在接受第一次投资邀请时，需要认真分析这个项目是否值得投资，需要看看对方的盈利情况，并且预测未来的发展情况。如果不了解这一切，那么在投资出现亏损的时候，就要反省这个项目投资的合理性，或者对投资进行复盘，看看是不是自己判断失误，项目本身根本就不值得投资，如果确认这个项目不具备盈利的空间，或者风险太大，盈利却很少，那么就应当及时止损，做出“退出”的策略。

在整个博弈过程中，要切记不能心存侥幸，不能怀着侥幸心理来做出决策，毕竟任何一次投资都需要建立在理性分析的基础上，如果总是幻想着自己下一次可以扳回一局，幻想着下一次可以一次性挣回所亏损的钱，那么最终的结果往往是越亏越多。

# 投资的本质就是找一个比自己更傻的人

在2000年左右，兰花市场异常火爆，人们对兰花趋之若鹜，这个时候大量的资本进入兰花市场，兰花的价格直线上升，一些外形奇特的兰花甚至卖出了百万元的天价，当一盆兰花可以换一套北京的房子时，整个投资市场变得异常疯狂。可是没过几年，兰花市场突然惨淡下来，原本动辄几万元、几十万元的兰花，最终回归理性，变成了几元一株的观赏性植物。

几年之后，同样的事情发生在藏獒身上。作为青藏高原的犬类，藏獒因为独特的地域文化以及各种神乎其神的传说变得非常昂贵，一些纯种藏獒都是以百万元的价格起步的，全国各地的很多爱狗人士都纷纷进入藏獒投资领域，而这直接导致很多人倾尽家财购买和饲养藏獒。可是藏獒热很快退去，藏獒跌下神坛，许多人饲养的藏獒直接从几十万元、几百万元的高价跌落，变得和普通的犬类一样。

无论是兰花还是藏獒，它们的火爆都显示出了市场的无序性和盲目性，相比于其他物品，这些用于投资炒作的东西，本身并不具备太大的价值，并不具备这种引爆市场的潜力，真正的原因在于背后的推手，而这些推手就是市场上最大的博弈者。为了让自己的兰花卖出高价，那些推手就要搅动市场，想办法将相关物品的能量值激发出来。那么谁才是推手呢？可以说参与市场竞争和产品买卖的人都是推手，而所有的推手都在进行“击鼓传花”的游戏，他们会想办法将产品的价格推高，然后将产品转给其他人，这样一来，所有的市场参与者都会卷入这场游戏，他们从其他人手中以较高的价格购买，然后以更高的价格出售给另外的人。

在整个“击鼓传花”的游戏中，任何一个人在购买相关物品时，都要付出更高的代价，同时他们也会以更高的价格出售给下一个接盘者。而每一个接盘者实际上都冒有很大的风险，毕竟这个游戏随时随地都可能停止，被炒作的物品也随时会停在自己手上，这个时候最后接盘的人必定会在最高的价格上收购，而此时由于大部分推手退出市场，炒作物品的价格迅速降低，此时接盘者想要脱手就会变得很困难。

这是典型的博傻游戏，博傻理论源于股票和期货等资本市场，最初是一种比较高明的投资策略，它的原理是人们在资本市场中会忽略某一产品的真实价格，而刻意选择用更高的价格购买产品，这么做的目的就是激活这个市场，提升关注度，然后期待着其他买家花费更高的价格从自己手上买走这个产品。低价购买，高价出售，通过制造差价来赚钱，这就是最典型的博傻理论。在这个理论中，有很多人充当了推手的角色，目的就是抬高价格，好让产品脱手，参与投资的人则喜欢在价格上涨时购买产品，他们被称为“傻子”，这些人一直期待着能够找到“比自己更傻”的人买走自己手里的产品。不过总是会有一个投资者成为最后的傻子，简单来说就是最后的接盘侠，他们在接手之后，突然发现整个市场崩塌，价格根本维持不住，自己预想的“一个更傻的人”并没有出现，自己成了最大的傻瓜。

整个博傻理论简单来说就是寻找接盘者，只有找到接盘者，产品才能够继续维持高价，才能不断保持价格上升的趋势，当然价格越是上涨，购买者的风险越大，毕竟任何一种游戏都不可能无止境地进行下去，“击鼓传花”最终也会停止，而最后接到“花”的那个人很有可能成为最倒霉的人。

在投资领域，很多时候都需要运用博傻理论，比如股市、楼市、玉石和古董买卖市场就是典型的博傻现象。比如在中国房地产反复变动的这些年，河北燕郊绝对是一个典型的例子，由于地理位置靠近北京，燕郊一直都是一个睡城，大量在北京上班的人都将燕郊作为居住地，因此每天早上都有几十万人挤公交进入北京上班。随着近年来京津冀一体化的推进，随着北京第二个行政中心即将设置在通州，以及燕郊到北京地铁的规划，与通州隔着一条潮白河的燕郊自然成了房产商和投资者青睐的对象。

几乎在短短两三年时间里，燕郊的房价就从每平方米7000多元上升到30000元以上，很多楼盘到了40000元的高价位上。燕郊本身是一个由农村发展起来的镇，相关的基础设施非常落后，根本没有维持高房价的资本。在资本的炒作之下，很多人都加入炒房大军，无论是投资者还是刚需者都开始大量购买房子，以至于燕郊的房产市场一度非常火爆，就连二手房市场的活跃度也让人惊叹。房价从7000元一平方米上涨到20000元的高价，之后又有人以25000元的价格购买房子，接下来，新的加入者又将房价推高到30000元，然后是40000元。对于那些幻想着以后燕郊能和北京接轨，能够享受到教育、卫生一体化服务的投资者来说，他们认为房价可能会在一两年之内上升到50000元。

可是随着全国各地限价令的推出，燕郊楼市首先遇冷，很快就从

40000元的高位跌落到30000元，然后下跌到20000元，又下跌到20000元以下。在整个过程中，燕郊楼市一片哀号，那些在30000元和40000元高价位上购买房子的人面临着高额的贷款，以及房价下跌的事实，几乎欲哭无泪，他们成了房地产中被收割韭菜的最终接盘者。

博傻理论的本质就是一种投机策略，人们并不在乎所投资的东西存在多少价值，而在于想办法抬高价值，所有参与者的策略就是"把价格抬高"，然后想办法找到一个更大的傻瓜来接盘。对于接盘者来说，他们或许也知道这一策略，也知道别人正在收割自己，但是他们却心甘情愿地加入游戏，并且制定了同样的策略。这种奇怪的博弈思维信奉的正是"最大笨蛋"理论，他们投资的动力就是"最大的那个笨蛋还在后面"，而正因如此，才使得他们疯狂地冒险。

如果对整个博弈过程进行分析，就会产生疑问，既然兰花、藏獒、古董、房子拥有投资的空间，或者说抬升价值的空间，为什么人们不会一同去购买和投资呢？为什么会出现先后顺序呢？为什么有人愿意接盘他人出售的产品呢？原因就在于信息的掌握程度不一致，就在于大家对于相关产品是否值得投资的判断不一致，有的人很早就嗅到了商机，所以率先充当推手的角色，有的人则更喜欢先观望一段时间，这就导致他们在后面开始接盘。有的人在投资之后比较悲观，迅速退出，有的人认为一切都很美好，因此会长时间加入这个游戏当中。正因如此，人们的投资才会出现不一致的情况。

无论人们是否保持一致，无论这种先后顺序是如何产生的，最终都会以一种自我激励的方式继续下去，市场本身就有一个比较完善的激励系统，所有看起来不一致、不合理的行为实际上往往会有条不紊地进行下去。

## 竞争思维的第一步就是阻止挑战者轻易进入市场

从20世纪70年代开始，韩国三星公司在发展过程中，由于不断壮大而威胁到了索尼公司的利益，索尼公司一直试图阻止三星公司扩大在日本市场、亚洲市场，甚至是整个国际市场的份额。不过索尼公司从一开始就犯下了错误，它并没有认真对待这个对手，三星公司虽然发展很快，但是和索尼这样的巨无霸公司还是无法比较的，因此索尼在压制的过程中并没有“下狠手”，或者说并没有想办法给予三星公司致命的打击。而正是因为索尼在战略上不够重视对手，使得三星公司获得了大量的发展空间，并最终严重压缩了索尼公司的全球业务。如今，索尼公司的业务萎缩严重，知名度不断下降，反观三星公司，成为世界上最出色的电子科技公司之一。

对于企业来说，通常都希望自己能够在市场上占据主导位置，并且想办法抑制其他竞争对手的成长，避免市场被对手瓜分而影响自己的利益分配。但是对于其他企业来说，进入某个有潜力可挖的市场是一个重要的发展目标，他们的目标就是占据更大的市场份额，尽量不要失去商机。正因如此，双方难免会产生冲突，而如何处理这种关系，取决于双方对利益取舍的评估，取决于彼此之间策略的评估。

为了了解双方博弈的状态，可以设置一些“市场进入威慑”模型，先进入市场的人往往拥有两个策略：第一个是设置各种阻碍，千方百计阻碍竞争对手进入这个市场来抢夺自身的利益；第二个策略就是不闻不问，任由对方进入市场，然后双方共同瓜分市场，当然，先入者需要考量对方是否会威胁到自己利益的满足，简单来说，这个市场容量是否足够大，是否足够容纳两个甚至更多的经营者。

对于后进入的竞争对手来说，他们同样拥有两个不同的策略：第一个策略就是大胆进入，想办法在市场上获得份额，为自己的发展奠定基础；第二个策略就是担心对方会进行疯狂的报复和打压，因此不进入此市场，将目标转移到其他市场上。

为了更好地分析双方如何制定策略，可以设置一组数据：比如先入者独占市场时，每年的收益高达600，当竞争对手进入市场之后，先入者的市场份额受到挤压，原先的独家经营权和定价权也遭到破坏，双方的收益开始变成100，而竞争对手也能够获得100的收益，不过由于进入市场需要消耗20的成本，因此后进入的竞争对手收益为80。如果先入者进行打压和阻碍，而竞争对手非要进入市场，双方会进行缠斗，最终可能两败俱伤，一无所获，竞争对手还会损失进入市场的20，最终收益为-20。如果先入者进行打压，而竞争对手知难而退，那么先入者会继续享有600的收益，竞争对手的收益为0。

如果对这四种情况进行分析，那么就会发现竞争对手的最优策略是选择进入，而这个时候先入者的最优策略则会变成默许，因为一旦自己施加压力可能会两败俱伤，而选择默许则可以获得100的收益。按照这种思维，竞争对手需要保持强大的信心冲击市场，而先入者往往会本着妥协的姿态来面对。百事可乐在冲击可口可乐公司市场的时候，虽然一开始选择从其他被忽略的新市场入手，但是随着实力的不断壮大和品牌知名度的建立，百事可乐直接进军可口可乐的传统市场，双方发生了激烈冲突，但是为了避免双方都受到伤害，可口可乐公司最终不得不接受百事可乐公司进入市场分一杯羹的现实。

而对于先入者来说，他给出的最优策略应该是选择阻挠和斗争，当先入者明确表示不欢迎竞争对手进入市场，并且下定决心进行阻挠和破坏时，会对竞争对手产生很大的压力，竞争对手会重新评估自己的策略：如果自己贸然采取对抗姿态，非进入市场不可，那么双方可能会发生直接的大规模冲突，导致双方都一无所获，自己为此还要支付进入市场的20个成本；如果自己直接退出，那么收益为0。在这种情况下，竞争对手肯定会选择直接退出，竞争对手的这个策略必定会被先入者了解。

在评估之后，先入者必须迅速制定各种防备措施，阻止竞争对手进入市场，并且要展示出反抗和压制的决心，让对方感受到威胁并知难而退。这种阻挠和威慑并不是简简单单的口头描述，或者某种示威，而应该是切切实实的行动，应该是有力度的一种警告，应该要让对方感受到这种威胁，尽量确保对方不会冒险进入市场。因为一旦对方打定主意尝试一下进入市场，先入者就会变得非常被动了。

那么如何才能让竞争对手感受到这种警告和压迫呢？先入者完全可以从一个故事中获得灵感。有个人在步行街开了一家面馆，这家面馆的生意非常火爆，于是有几个人也想要在街对面开面馆抢生意。面对对方可能采取的冒险行动，面馆老板开始放出消息，说是自己计划在这条街以及附近的一条街上再开几家分店。这个消息不胫而走，那些试图开店竞争的人听了之后直接打消了开面馆的念想。

其实在现实生活中，市场进入威慑模型并不会完全起效，因为人们需要对市场进行充分的了解，需要想办法对人们的行动策略进行评估，但是很多信息并不完整，加上情绪的影响，人们很有可能会误判（不够理性）。比如，后进入市场的竞争对手会觉得先入者在危言耸听，故意夸大威胁，会觉得市场容量很大，足以容下自己的生意。又或者竞争对手会认为自己有实力击败对方，占据市场主导地位，因此他绝对不会轻易退缩。当竞争对手打定主意这样做的时候，先入者的策略往往不能起到什么作用。

## 低价策略是最差的博弈策略之一

在市场博弈中，价格博弈是最常见的一种现象，在面对激烈的竞争时，价格是最容易做出调整的元素。当商家觉得产品不好卖了，就会降价和打折；当商家觉得竞争对手太多，压力太大，就会采取薄利多销的方式。在面对竞争压力的时候，商家通常更愿意在价格上做出让步，而这种让步往往会导致商家之间出现恶性竞争，当某一商家决定采取降价的策略来取悦消费者时，其他商家会意识到相关的压力，于是也针锋相对，采取降价措施来维持新的竞争优势，在必要的时候还可以降价更多，而对手的降价，又会让最先降价的商家采取降价策略来重新夺回优势。

在一个成熟的充满竞争的市场中，降价往往会成为一种常见的现象。比如一个市场中最初只有一个商家时，商家拥有绝对的市场掌控权，它可以直接制定价格，而且这个价格往往比较高。当新的竞争对手进入市场之后，双方就会进行竞争，这个时候，原先的高价变得很脆弱，一旦市场容量不够大，双方就会产生直接的对抗，价格就容易出现松动，尤其是弱势的一方，必定会希望利用降价来获得更多的市场关注。随着新的竞争对手源源不断地加入进来，市场上的竞争也越来越激烈，价格战会慢慢推行开来，降价会成为一种常态。许多商家也许会制定协议，约定一个平稳的价格，但实际上这种价格维持不了多久，因为一些竞争力不强的商家会想办法通过制造低价来弥补技术上、品牌上的不足，确保自己可以更好地在市场上生存下去。

降价是竞争中最常用的一种策略，但是这种策略很容易发生传染，无论是大企业还是小企业，无论是实力强大的竞争者，还是实力弱小的竞争者，都会受到其他竞争对手降价策略的影响。降价策略可以短时间内形成一定的竞争优势，但是当其他人采取降价之后，优势就会荡然无存。降价之初，对顾客的吸引力也很大，可是当大家都在降价时，商家与顾客之间的博弈就会慢慢丧失主动权。

在一个行业中，一旦商家将“降价”当成策略来博弈，那么就容易引发价格战，而价格战对于整个行业都非常不利，最终会损耗所有博弈参与者的利益，商家的利润会越来越低，甚至无利可图。这个时候部分商家可能会想办法给产品减配，会想办法降低质量标准，而这些对顾客和消费者来说非常不利。

很多优秀的公司在面对价格战时，会采取维持原价或者提升价格的措施进行应对。比如随着智能手机的普及，手机价格也在相应地下降，很多品牌机为了赢得市场的关注，都在通过降低价格的方式吸引消费者的关注。可是，当降低价格成为一种竞争手段后，行业内部就容易存在价格大战，这对整个行业以及行业参与者来说都非常不利。

而苹果手机可能是最近十年来价格最稳定的品牌，无论智能手机如何降价，苹果手机一直都保持坚挺的价格。虽然很多人都抱怨苹果手机不降价，但不可否认的是，正是这种不降价衬托出了它的品牌优势，人们会认为5000元的苹果手机就是要比4000元的其他品牌手机档次更高，但实际上了解内幕的人都知道，5000元的苹果手机，性能和价值可能只相当于其他2000~3000元的手机。在价格上保持高位优势的苹果手机，曾长期占据智能手机市场总利润的90%以上，这一点值得其他智能手机品牌关注。

事实上，在过去，中国制造一直都以物美价廉著称，许多打入国际市场的中国产品都会无端遭到指责和抹黑，外国媒体和消费者会认为这些价格便宜的产品不是次品就是假货，根本不具备什么竞争力，这些想法无疑给中国制造的很多商品贴上了一个不好的标签。如今，有很多国产品牌在进入西方国家的市场之后，一直坚持高价出售的原则，很多在国内价格不高的产品，到了国外就会涨价，这样做的目的就是让西方国家的消费者产生一种“产品价格高，质量很好，品牌很正规”的感觉。

商家的最终目的是将产品卖给顾客，因此真正需要关注的博弈对象应该是消费者，而不是竞争对手，虽然竞争对手可能会干扰自己的策略和最终的收益，但是只要想办法说服顾客就行。而打价格战往往更像是不同商家和企业之间的斗气行为，虽然低价会对顾客形成一定的吸引力，但不是真正意义上高水平的博弈，在与顾客博弈的时候，商家实际上处于被动地位。

显而易见的是，商家需要认真制定自己的发展策略和销售策略，并借此评估顾客的想法和策略，而那些维持原价和高价的商家，恰恰使用了更为高明的博弈思维，按照他们的想法，降价必然会陷入与竞争对手纠缠不休的局面之中，这个时候顾客的兴趣反而会降低，因为顾客肯定希望继续坐山观虎斗，看看最终谁的东西最便宜，谁给的优惠最多。正因如此，他们采取了相反的策略，通过保持高价来吸引顾客注意，顾客会认为这些产品一定质量更高，一定更加好用，一定更具特色。事实上很多顾客都是按照价格高低来评判产品是否好用的，一个产品如果降价太厉害，他们反而会担心产品质量不过关，担心产品存在严重的质量问题。如果产品价格比其他产品都要高出一个档次，那么就会相应地认为这个产品的质量更好。从某种意义上来说，采取高价策略可能会产生更多意想不到的效果。

## 当你领先的时候，跟随落后者是绝佳的策略

著名的经济学家阿维纳什·K.迪克西特在《策略思维》一书中提到了领先者策略：“帆船比赛给我们提供了一个很好的机会，是观察‘跟随领头羊’策略的一个很有意思的反例。成绩领先的帆船，通常都会照搬尾随船只的策略。一旦遇到尾随的船只改变航向，那么成绩领先的船只也会照做不误。实际上，即便成绩尾随的船只采用一种显然非常低劣的策略时，成绩领先的船只也会照样模仿。为什么？因为帆船比赛与在舞厅里跳舞不同，在这里，成绩接近是没有用的，只有最后胜出才有意义。假如你成绩领先了，那么，维持领先地位的最可靠的办法就是看见别人怎么做，你就跟着怎么做。”

宝洁公司是世界上最大的日用品生产公司之一，市值曾一度跻身全球前十的行列，可以说实力非常雄厚，在行业内更是顶尖的公司，一些人甚至将它当成行业标杆，其余的大部分公司都与它相去甚远，在日用品行业内几乎无法对它形成威胁。可就是这样一家大公司，在面对其他竞争对手

时，一直保持非常谨慎的态度。一般来说，像宝洁公司这样的大品牌、大企业，在发展的道路上完全可以成为各领域的开拓者，没有必要理会其他竞争对手的策略，可是它一直都使用领先者的跟随策略来应对竞争。

宝洁公司的相关产品一直都卖得不错，可是全球健康卫生护理领域的领导者金佰利公司也在这方面发展迅速。比如，在2015年，宝洁公司在全球市场的份额大约为40%，而金佰利大约为27%，可以说宝洁公司比金佰利公司更占优势，实力也更加强劲，可是当金佰利公司推出可再贴尿布黏合带时，宝洁公司也坐不住了，虽然自己贵为尿布行业的大佬，完全可以发明和生产自己的产品，可是为了避免被金佰利追赶上来，还是选择了模仿这位老对手的发明，生产了一款类似的产品参与竞争。许多人都批评宝洁公司过于保守和胆小，不具备创新精神，而且看起来完全被金佰利吓到了，但事实上，宝洁公司依靠这款仿制品一直都维持着自己在尿布行业的优势。宝洁公司的竞争策略非常简单，那就是“你生产什么，我就生产什么，这样你就无法在某一个项目或者产品上实现半道超车”。

而反观诺基亚公司则恰恰做出了错误的策略，在手机行业内，诺基亚曾经是绝对的垄断者，巅峰期甚至达到了90%以上的市场份额，可以说无论是政治人物、商界精英、企业大佬、都市白领、工厂里的工人，几乎都青睐诺基亚。可是到了2005年前后，各种智能机开始如雨后春笋般出现，触屏时代迅速到来，不仅如此，手机软件开始受到重视。其中苹果公司不仅拥有独立的iOS系统，还开发出了触屏手机，之后又在这个系统上开发了很多APP，极大地提升了用户的体验。三星公司也开发了大量触屏机，并且安装了谷歌公司推出的安卓系统。而诺基亚并没有意识到时代发展的需求，也没有意识到如何更为合理地制定应对措施，在它看来，苹果手机和三星手机根本不足以动摇自己打造的商业帝国，在手机行业更是无法形成挑战，因此，仍旧草率地安装落后的塞班系统，仍旧固执地认为自己应该注重手机的硬件系统。最终的结果很明显，在短短几年时间内，诺基亚就被苹果公司和三星公司反超，如今更是在手机市场沦落到开发老年机的地步。

领先者的跟随策略是一种比较保守却非常实用的竞争策略，这一博弈思维的关键在于了解对方在做什么、了解对方的目标是什么，这样就可以有针对性地给出一些应对的方法。简单来说，这种方法更容易帮助博弈者掌握对方的信息，只要把握了对方的行动策略，那么领先者更容易进行预防。从博弈的角度来说，领先者拥有竞争优势，但这种优势并不是全方位的，也不可能是全方位的，落后者也不一定就是全方位落后的，在很多方面可能占据优势，或者说具备很大的发展潜力，一旦他们利用这些优势发力，可能有机会实现反超，尤其是在技术日益发达的今天，科技对于产业的影响越来越大，一家不起眼的小公司可能会依赖新技术迅速崛起，一家大公司也可能因为某一方面的弱势而迅速被人赶超。

使用领先者策略时，领先者就可以更好地洞悉博弈对手的策略，然后做出调整，这些调整会让他们继续保持领先优势。不过这种领先策略并不是盲目去跟随对方做出调整，更不是单纯地复制对方，领先者需要对对方的行为做出分析，需要认真分析对方的策略，看看对方是不是有意误导自己，是不是为了转移他人的注意力。如果意识到对方只是虚晃一枪，那么领先者就没有必要采取跟随的策略。

有时候，领先者如果意识到落后的人所采取的策略有问题，或者想要实现的目标脱离了现实，或者基本上是胡闹，那么也没有必要掺和进去，保持当前的前进速度，保持当前的策略就行。还有一点也很重要，领先者在面对追赶者时，应当将所有的追赶者进行分类，并且将目光集中在最接近自己或者最有可能追上自己的目标上，就像宝洁公司将目光放在金佰利身上，主要跟随金佰利的发展策略采取行动，而不是跟随其他一些根本不知名的小企业。所以领先者在制定跟随策略时，一般应该将重点放在距离自己最近的追赶者身上，但有时候也要注意分析其他的追赶者，看看他们的前进势头，是否会成为自己最大的竞争对手，如果一些前进速度较快的追赶者采取了其他策略，那么也有必要做出跟随策略。

## 博弈思维中的竞争合作意识

苹果公司的乔布斯和IBM一直都不和睦，双方一直都处于互相攻击的状态。为了击垮IBM，并树立自己良好的形象，他一直都试图在广告中强化英雄和反派的对立，其中IBM一直都被他当成大反派。

在1984年，乔布斯就在广告中干脆将IBM设置成了超级大反派，而自己和苹果公司则是英雄的化身。当时，乔布斯雇用了《银翼杀手》的导演雷德利·斯科特，然后花了90万美元创作了一则60秒的广告，并继续投入80万美元将其投放在超级碗，广告将蓝色巨人IBM描绘成小说家乔治·奥威尔小说中不祥的“老大哥”。

这样的广告故事让IBM感到愤怒，IBM着手进行反击，同时这事也让苹果公司的董事会感到不满。投入这么多钱，只为讽刺对手，这样的做法让他们觉得乔布斯不过是在公报私仇，他们一点也不喜欢这则广告，还要求乔布斯取消这则广告。但乔布斯没有照办，他认为这是竞争时代的一部分，而且这条广告一定会引起大众的关注，而苹果公司也很快就会受到大众的关注和欢迎。果不其然，这则广告播出之后，立即引起了热议，乔布斯几乎将大家都带入广告设定的故事当中去了，一时间，大众对IBM产生了厌恶感，而乔布斯以及苹果公司一下子就成了“超级英雄”的代表，苹果公司由此获得了很高的声望。而在那之后的很长一段时间内，苹果公司和IBM公司都是以竞争对手的情况出现。

2014年，苹果公司与IBM这个老冤家达成了战略合作伙伴的关系，IBM公司开始大量部署苹果设备，据说IBM公司为旗下的员工部署了90000台Mac、48000台iPad以及81000部iPhone。不仅如此，它还与苹果公司一同开发企业级应用，帮助苹果公司进一步普及产品的应用。而作为回报，苹果公司的产品能够为IBM公司节省不少成本。

与之相对应的是苹果和三星公司的世纪之争，双方在多个阶段、多个领域进行更为激烈的争斗。2011年，苹果公司将三星告上法庭，控告的内容是Galaxy系列多款智能手机和平板电脑抄袭了苹果产品的外观。其实许多人一眼就能够看出来Galaxy系列手机的外观和iPhone相似，但令人感到奇怪的是，苹果公司多年以来却一直没有针对性地发起诉讼，直到2011年才选择出手，其背后的深意在于等到三星Galaxy系列产品上市后，苹果公司已经退无可退，此时出手可以让对方在攻占市场时进退两难。

苹果公司的诉讼让三星颇为苦恼，和其他侵犯专利的公司妥协求和、妄图息事宁人的风格不同的是，三星公司并不打算就抄袭事件服软，反而通过几个月的酝酿，提起了反诉讼，控告苹果侵犯了它的技术。当然，三星公司绝对不是心血来潮随便编造一条罪名的，如果对比苹果的iPhone手机和三星手机，就会发现iPhone手机中的很多技术并不是独创的，而是抄袭了三星公司的技术，重要的是，三星公司的这些技术专利都有详细的记录，证据非常充分。

苹果公司对此毫无防备，原本打算给三星一记重拳的它，反而遭到了三星重大的反击。接下来双方进行了多次交锋，每一次都希望将对方击成“重伤”，双方一直都坚持“以牙还牙，以眼还眼”的竞争策略，丝毫不放松打击对手的机会。

但是苹果公司和三星公司并不算是完完全全的死敌，就像苹果公司和谷歌公司一样，双方都存在一系列合作，苹果公司虽然拥有自己的核心技术和系统，但是在很多手机、电脑的组件和零配件上，还是依赖三星公司的产品。同样地，双方在2019年进行合作，三星智能电视的用户将能访问iTunes。iPad和iPhone可以将相关的内容投射到三星的电视上。不仅如此，三星公司宣布要为苹果手机和苹果平板电脑提供一些关键硬件和屏幕。可以说双方建立起比较紧密的合作关系。

在面对各个不同的重量级对手时，苹果公司采用的博弈策略大都比较相似，即注意在不同阶段使用不同的策略，而且这些不同策略的转换其实都是和自身利益选择息息相关的。在采取对抗性的策略时，是为了在对抗和竞争中获得更大的收益，是为了抑制对方对自己的打压，或者是为了在竞争中获利更多。在这种博弈中，双方之间存在零和博弈的情况。

在采取合作的策略时，其实目的仍然是追求自身利益的最大化，这个时候，双方秉持的原则是“1+1 > 2”，按照他们的理解，合作可以将双方之间的优势进行互补，同时可以消除彼此的劣势，这样就能够形成更为强大的力量。当一方准备采用合作的策略时，他往往能够预测到对方也认同这种合作策略，或者说意识到对方也会采取这种合作策略，因为合作对于对方来说会实现更好的收益。对于博弈者来说，利益是第一位的，但是与囚徒困境不同的是，他们都能够意识到合作带来的巨大效益，而且这种效益本身就是最优的。

任何两家公司之间都存在竞争或者合作的策略组合，两者相互竞争，两者相互合作，很少会出现一个明明可以进行合作，而对方却仍旧选择竞争的局面，除非是在合作过程中出现背叛的行为。总的来说，无论是竞争还是合作，都是针对特定的生存环境而言的，这些策略的制定需要有具体的场景来支撑，而不是简单地坚持“合作至上”的法则，要知道在很多时候，竞争可能产生比合作更好的效果，尤其是当双方资源出现重复的时候，这些重复的资源叠加在一起可能并不会产生额外的价值。

总的来说，任何博弈策略和博弈思维本身都需要建立在具体的博弈事项和具体的环境上，如果环境出现了变化，那么就需要想办法在博弈策略上及时做出调整。

第六章

# 谈判中的博弈思维：找到说服他人的方法

GAME

在涉及利益分配或者谈判、合作的问题时，人们需要改变那种“对抗”的策略，更多地强调共同利益，这种策略会让对方在合作上保持更加稳定的关系。

## 一个唱红脸，一个唱白脸

有个商人准备前往欧洲居住，他希望将名下的三处房产全部卖掉，这样就可以毫无牵挂地离开，并还能够迅速回笼资金去欧洲买房，安享晚年。他的立场很坚定，购买者必须收下所有的房子。而对于买房者来说，自己非常看重其中的两处房产，而其他一处稍微差一些，虽然也有升值空间，但是他并不打算全部购买。

两个人谈判好几次都没有达成一致，商人有些生气了，明确强调自己不太可能留下其中一处房产，购买者也针锋相对，强调自己只需要其中两处房产。就这样双方一直僵持不下，还数次发生争吵，彼此的耐心似乎都有些耗尽了。可就在这个时候，商人却安排自己的一个朋友充当中间人去“和谈”。

朋友见到购买者之后，以非常温和的态度和对方进行了交流，然后谈到了这三处房产，他认为这些房子都是非常优质的资产，可以用作投资，相信未来几年一定会升值到一个很高的价格。重要的是，购买全部的房产，还可以在价格上获得一些优惠，这一点他可以从中协调并做出保证。他觉得对方是一个有眼光也非常理性的投资者，绝对不会错过这样的机会。在这个时候，对方仍旧表态不太想接受另一处房产，他只对那两处房产动心。面对可能产生的僵局，朋友非常无奈地说："我和你之间的谈话非常愉快，我也觉得我们之间是可以达成一个完美的合作的，自然而然，没有什么事情是值得肯定的，我现在也说了自己的看法，至于同不同意，还要看你自己，如果这件事仍然没有什么结果，那么你只能继续和我朋友去谈了，你也知道他是一个坏脾气的人。"听到这样的话之后，购买者迟疑了几秒钟，然后同意了朋友的要求，答应全部购买商人的房产。

为什么一个态度坚定的购买者最终会被说服呢？原因就在于商人使用了红白脸策略，在博弈中，他先是以强硬的姿态压迫对方，这一策略显然不太可能迫使对方做出让步，因为对方肯定也会采取"拒不合作"的策略应对。在这个时候，双方的强硬对抗会引发更深的矛盾。

不过一切都在商人的掌控之中，他料定对方会采取这样的强硬策略，同时也猜测到对方内心的一些变化。比如购买者对两处房产比较感兴趣，渴望获得更大的收益，购买者必定会意识到继续强硬下去，对自己的利益获得没有任何帮助，双方的收益都为0。这个时候购买者必定也希望寻求一些改变，但是在这样一个博弈中，无论是尊严还是情感上的压力，他都不会轻易做出妥协。

正因如此，商人直接想办法安排朋友充当一个"温和"的角色，设置这个角色的目的就是让对方拥有新的选择余地，让对方可以在感知环境变化和他人策略变化的同时，主动对自己的策略做出调整。当温和的一方以低调、谦卑、诚心的态度重新进行谈判的时候，购买者实际上也会放弃之前的“强硬策略”，他会面临一个问题：是继续保持强硬，还是妥协。经过仔细分析，他会意识到，如果自己继续保持强硬的立场，那么最终事情还会回到原位，需要直接面对那个精明的脾气暴躁的商人，双方之间不会有任何结果，自己的收益必定为0。眼下对方同意适当降低价格，那么自己也可以适当做出让步，虽然购买三处房产超出了自己的计划，但是自己仍旧可以从中获得不少的收益，这总比一无所获要好。考虑到收益的问题，购买者最终还是购买了三处房产。

这样的博弈策略在心理学中叫“红白脸策略”，主要是指在谈判中，当人们意识到自己无法顺利说服对方，或者谈判可能会陷入僵局时，谈判的一方会设置两个角色，一个扮红脸，一个扮白脸。其中一开始会采取唱白脸的策略，安排唱白脸的人以强硬的谈判姿态施加压力，让对方感受到相关的立场。接下来采取唱红脸的策略，安排一个唱红脸的角色与对方进行更温和的沟通，并通过这种对比来引导对方做出策略上的改变。

在整个博弈中，博弈者会设置两种截然不同的角色，分别对对方采取不同的博弈策略，然后利用对方想要合作，又担心自己面对强硬策略的博弈心理，引导对方按照博弈者之前设定的要求行事。在红白脸的策略中，红脸策略就是一个强大的进攻性武器，目的是让对方更好地接受白脸策略，并直接做出相应的妥协。

需要注意的是，在整个谈判过程中，运用红脸策略做铺垫的时候，无论怎样都要想办法控制好力度，与别人发生直接冲突时，不能将矛盾彻底激化，不能轻易使用一些过分的、带有很强攻击性的语言，更不能让对方觉得你在侮辱他，一个聪明的红脸策略使用者，会把握好分寸，让对方意识到想要完全按照个人意愿行事是不太可能的，必须适当做出妥协，如果用力过猛，对方可能会采取更为极端的对抗措施，这个时候，再使用白脸策略可能也无济于事了。

## 必要的时候下达一个最后通牒

有两个商人准备在某个项目上进行合作，双方会面后进行谈判，商人A主张各自投入100万元的资金，双方各自占据50%的股份。商人B认为自己应该掌握主导权，毕竟自己在技术上有优势，而且拥有更广泛的人脉，对于日后的项目经营必定会产生更大的作用，最好占据60%的股份。

在项目合作谈判上，双方一直僵持不下，导致项目启动一拖再拖。商人A一直都期待着能够快点展开合作，所以不断催促对方进行谈判。对于商人B来说，他一直都坚定自己的立场，与此同时，他并不着急推动项目，相关的资源准备也已经开始了，对他来说，整个项目似乎都在自己的控制之中，一旦开启，自己就可以迅速推动项目的相关流程。他有信心说服对方，并且渴望通过这种方式耗下去，直到商人A接受自己的条件。

可是在面对这种僵持局面时，商人A一直都在想办法促成合作，并且意识到自己必须加大谈判的力度，因为时间拖得越久，对自己越不利。而商人B则想办法采用“拖字诀”，对他来说，时间拖得越久就越有优势。

商人A也能预测到对方可能会继续耗下去，因为耗下去对对方更加有利，并通过这种持久战术争取更多的利益空间。

正因如此，商人A在一次谈判后直接摊牌："我对这一次的合作充满了期待，但是鉴于我们之间存在的分歧一直无法解决，我准备放弃这个项目，项目一拖再拖对你我都不会有什么好处，如果项目的事情在这两天无法落实，我会另外寻找其他的投资项目。"结果在第二天，对方直接打电话过来要求再次进行谈判，并且最终同意了商人A提出来的要求。

在这里，商人A采取的方式就是最后通牒策略，这种策略一般适用于胶着的谈判状态，双方此前已经有了很多次的交锋，对于彼此之间的分歧始终找不到解决的办法，无法达成一致，在这个时候，其中一方可能会直接摊牌，强调"要么直接同意我的要求，要么双方直接取消合作"。这种策略，在商业谈判、感情交流、职场沟通方面比较常见，一些比较烦琐的、胶着的商业谈判往往会运用这一策略来推动合作。感情经营方面也是如此，当双方在嫁妆方面无法谈妥的时候，可能有一方就会采取最后通牒策略施加压力。

最后通牒策略带有一定强迫性和威胁性，在谈判中往往不会轻易使用，因为一旦使用就可能造成不可挽回的后果，对方要么迎合相关的要求，要么直接放弃，这对任何人来说都是巨大的压力。可以说不到万不得已的时候，千万不要使用这种策略，它需要一定的铺垫，一般都是双方长时间僵持，对于耐心和意志力的磨损非常严重。这个时候双方都需要想方设法寻找解决问题的办法，但是其中一方必定占据优势，可能会继续通过"耗下去"的方式率先让对方屈服。而对于另外一方，最好的策略就是打破这种僵局，给对方一些明确的威胁，这种威胁会迫使对方重新思考接下来可能发生的事情，思考这种威胁给自己带来的利益损害。

在这个谈判策略中，利益分配成为一种关键，假设某人在谈判后可能获得的收益为50%，即谈判双方的收益差不多，那么任何一方都无法承受长时间的僵持局面。这个时候，当一方下达最后通牒的时候，另一方也会适可而止，同意相应的谈判条件。如果一方在谈判中占据优势，认为自己有机会获得更多的利益分配，或者应该获得更多的收益，这个时候他们往往不会采取这一策略，相比较而言，更加适合拖下去，耗尽对方的耐心。那些相对弱势的人，他们为了保持预期的利益不受到威胁，可能更加适合使用这一策略。

在多数类似的博弈场景中，都是收益偏弱势的一方提出这一个策略，原因也很明显，当对方同意谈判的相关要求时，自己可能就会获得最大的效益。即便对方不肯接受相应的谈判条件，大不了谈判破裂，而这个时候，收益更多的那一方反而会更加紧张。就像一个在相关项目中收益高的人绝对要比收益低的人更加在意彼此之间的合作，相比较而言，收益更大的那一位必定担心自己的损失会更大，因此从策略上肯定更加倾向于实现合作，而这就是弱势者的策略突破口。

需要注意的是，在一个容易出现僵持的博弈中，博弈者往往会将最后通牒当成压箱底的策略或者说一张最大的底牌，这样的策略是绝对不能随意表现出来的。当一个博弈者从一开始就告诉对方“如果不按照我的要求去做，就取消合作”，那么往往会产生两个结果：第一个是对方根本不理会这个警告，对方会坚定地认为这不过是一个情绪化的表达方式而已，他们会通过一些更有耐心、更有技巧的博弈方式来引导发出警告的人在谈判中就范。按照他们的理解，这一类迫不及待发出威胁的博弈者缺乏谈判的经验，往往缺乏耐心，只要抓住了这些弱点，就可以迅速掌握主动权。第二个结果就是对方认为博弈者根本没有任何谈判的诚意，毕竟任何一种谈判都需要一个彼此沟通的过程，如果直接以这种强硬的姿态发出威胁，对方会意识到博弈者根本无心谈判，这个时候，他的策略就是直接放弃合作。

人们需要控制好节奏和时间，不能轻易使用这个策略，更不能将其常规化，在面对各种各样的对抗性策略时，更需要保持耐心，只有对方试图将这种谈判拉入无止境的僵持阶段，人们才需要运用最后通牒的策略来打破对方的意图。

## 少谈论立场，多聊一些共同利益

2019年1月9日，亚马逊创始人贝佐斯与妻子麦肯齐宣布离婚，这件事很快引起了全球舆论的关注，因为人们都相信遭到婚姻背叛的麦肯齐能够在这一次离婚中分到贝佐斯一半的财富，而贝佐斯在这之前已经拥有了大约1360亿美元的财富，离婚也就意味着麦肯齐可以获得大约680亿美元的财产，这笔钱足以让她成为世界女首富。考虑到双方并没有签署任何婚前协议，贝佐斯似乎很难逃脱被平分财产的命运。但这种情况却并没有发生，麦肯齐非常优雅地拿走了360亿美元的财富（大约是亚马逊公司4%的股份），贝佐斯仍旧拥有将近1000亿美元的财富，并继续坐在全球首富的位置上。

许多人非常纳闷麦肯齐为什么不多要点钱，为什么还要继续对贝佐斯妥协和让步。很显然，对于麦肯齐来说，钱或许并不是生活中最重要的东西，和贝佐斯结婚25年来，她一直都在帮助丈夫打理生意，却很少露面，这样一个沉稳低调的女人，或许并没有成为世界女首富之类的野心。

而从现实的角度来说，贝佐斯在离婚案中表现出来的高明的博弈思维也足以让麦肯齐不会分走一半的钱。因为麦肯齐如果真的要分走一半的钱，那么肯定会拿走贝佐斯一半的股权，而当股权稀释之后，贝佐斯在亚马逊公司可能会失去话语权，至少会失去更多控制权，而这无疑会让投资者和股东失去信心，对于亚马逊公司的股价和发展都极为不利。麦肯齐自然也知道这一点，如果自己贸然分走更多的股权，那么投资者会失去信心，最终亚马逊的市值会下跌，那个时候手里的股票再多也不会值钱。正是出于这种考虑，麦肯齐不会采取分走贝佐斯一半股票的策略，而贝佐斯也知道麦肯齐的想法，因此他能够从容应对离婚事件，并且很快就带领亚马逊从股价波动的阴影中走出来。

在这一次离婚事件中，贝佐斯和麦肯齐如同以前那样“并肩作战”，以前双方站在同一战线，现在双方仍旧站在同一阵线上，尽管双方的婚姻和生活立场已经处于对立状态，但是在经济利益方面，双方仍旧需要相互扶持。

在一些关于利益分配的谈判中，人们似乎更加关心自己的利益问题，或者说人们可能更容易变成理性经济人，无论是商业谈判还是内部的利益分配，人们似乎更容易站在自己的出发点上追求利益的最大化。正因为这样，人们才更喜欢在谈判中强调自己的立场和想法，更喜欢向对方展示自己需要的东西以及那些期待。所以通常情况下，双方的对话会以这样的形式展开：

“我觉得在这一方面，我得到的尊重还不够多，考虑到做出的贡献和价值，我自认为还可以收获更多。”

“在这一次的合作当中，必须明确告诉你我的立场，那就是必须拿走

60%的利润分成，我提供了技术和部分资金，这是至关重要的。”

“在这个问题上，我不会让步，你必须满足我的这几个条件，要不然，我在这次交易中将会面临亏损。”

“你刚才谈到的这个项目总体来说也还不错，而且你说你有类似的经验，但是在我看来，我们更应该考虑第二个项目，在这个项目上，我认识熟人，还可以找到更好的技术支持。”

由于每个人都按照自己的利益需求展开对话，立场之争会变得越来越严重，而这对于整个对话非常不利。一般来说，人们过分强调分歧，使用“强化分歧”的策略，往往有两个原因。第一个原因是通过强调立场和分歧来展示自己的优势和强势，希望对方可以将自己当作谈判的核心，他们通常会认为自己完全是谈判的核心人物，对方需要围绕着自己的想法行事，需要按照自己的立场进行规划。第二种就是由于个人需求无法得到满足，因此会想办法施加压力，期待对方做出让步。

但是无论是出于什么目的，人们如果一开始就按照自己的立场采取针锋相对的策略，明确对方必须怎么样、必须怎么做，明确自己和对方之间的分歧，那么问题可能会变得更加复杂。因为对方肯定也会意识到只有采取“攻击性”的策略，只有在分歧上做文章，才能维护自身的利益，当双方都采取这样的策略时，冲突会掩盖人们的理性思维。

聪明的博弈者会注重“合作”策略，在面对分歧和争议时，能够以共同利益为博弈条件，强化彼此之间的关系，对方也必定会保持“合作”策略。就像囚徒困境一样，双方都选择“合作”策略，才能够获得更好的收益。

以贝佐斯的离婚事件为例子，人们可以看出双方之间的博弈策略，对于贝佐斯来说，他的目的是确保自身利益不会受到太大的损害，因此如何在离婚谈判中保住身家最重要，但是他不能像其他离婚的富豪那样，采取一些激进的对抗性的策略，因为麦肯齐很容易被激怒，并采取同样的策略，从法律角度和道德角度来说，贝佐斯都不太可能在分身家的事情上占据优势。所以他非常聪明地软化彼此的立场，强调共同的利益——亚马逊公司的股份。这才是双方真正应该关注的焦点，毕竟任何风吹草动都可能会对这家公司造成致命打击，贝佐斯很有可能会像当年的乔布斯一样被架空权力。

而对于麦肯齐来说，且不说她的为人，也不说她是否念及双方之间以往的夫妻情分，仅仅看一看股份分配后可能造成的影响，她也不太可能做出“对抗性”的策略。很显然，假设麦肯齐的最终目的是获得更多的钱，那么她最先考虑的策略应该是强调自己必须分到一半的财产，但问题在于贝佐斯的财富都体现在股价上，而这种强硬的姿态可能会导致离婚事件越闹越僵，会导致贝佐斯股份被稀释，这些都会对亚马逊公司的股价产生巨大的影响，这个时候即便麦肯齐如愿拿到了680亿美元的股票，也许用不了多久，亚马逊股价大跌，分到的钱会越来越少。为了应对可能出现的危机，麦肯齐必定会采取“合作”的策略，对于这一点，贝佐斯自然也知道，因为他知道麦肯齐是一个非常理性的人。

在涉及利益分配或者谈判、合作的问题时，人们需要改变那种“对抗”的策略，更多地强调共同利益，这种策略会让对方在合作上保持更加稳定的关系。

## 感性思维有时候比理性思维更具冲击力

许多人在求婚的时候都喜欢购买钻石戒指或者钻石项链，那么钻石究竟依靠什么来吸引人呢？是依靠它的稀有程度吗？显然不是，因为绿宝石和红宝石的产量比钻石还要少，但是为什么多数人都会认为钻石才更加稀有，觉得钻石比其他宝石更有价值？很显然，人们听了太多商家的宣传，无论是有关任何一颗钻石是独一无二的，任何一颗钻石都是经过千锤百炼才形成的故事，还是任何一颗钻石都代表了浪漫与爱情的广告，都是商家宣传产品的一种策略和手段。

首先，从本质上来说，钻石就是一块石头，和石墨的基本元素是一样的，它并不算多么另类；其次，钻石虽然是独一无二的，但其实世界上的万事万物都是独一无二的，宝石是，木头、花草同样是，但为什么没有人选择送一根小草或者一块普通石头给恋人呢？最后，钻石代表了浪漫的爱情故事，不过是商家的一种广告策略，其实在非洲钻石成了引发战争、掠夺和死亡的原罪。换句话说，任何一个产品都可能被商家包装成浪漫的象征。正是因为商家的宣传，才使得钻石成了一个代表爱情和忠贞的符号，可以说这些故事完全影响了消费者的理性判断和购买策略。

接下来谈论另一个话题，那就是水果商在卖水果的时候经常会在展台的水果上面扔几片叶子，有些叶子是水果本身的树叶，有些叶子甚至来自其他植物，尤其是一些在冬季存储起来的水果，虽然看起来不够新鲜，但是撒上几片叶子之后，顿时会觉得这就是新上市的水果。很多顾客都会意识到这些叶子不是水果自带的，但他们还是毫不犹豫地购买这些水果，并且他们还可能会给予这些水果非常高的评价。那么为什么会产生这样的现象呢?

其实认真分析这个问题，就会发现水果商往水果里添加新鲜的叶子，与商人宣传钻石的手法如出一辙，他们的策略都很简单，那就是运用一些更为直接的手法激发顾客的感性思维。比如一些比较明显的视觉刺激、让人感到愉悦的气味、生动的语言描述，这些都是刺激感性思维的方式。那么商家为什么要这么做呢?想要弄清楚这一点，可以对商家的一些销售策略进行分析，比如商家完全可以采用两种策略，一种是理性的专业的产品广告模式，一种是感性的直接的广告模式。在使用理性的专业的广告时，顾客的理性思维往往也会被调动起来，这个时候，会存在几种情况，一种是顾客很快凭借着专业的分析对产品产生了信赖，或者因为专业知识不足而对产品的相关概念产生了怀疑，又或者因为专业分析能力过于强大，找出了广告中不规范的一些东西。在多数情况下，后面两种情况更容易出现，而这些显然对于商家非常不利，会导致商家处于吃力不讨好的尴尬处境，或者搬起石头砸自己的脚（因为不够专业而被人挑刺）。

反过来说，当商家采取感性的直接的广告策略时，更容易调动顾客的感性思维，这个时候，顾客往往会依据直觉做出判断。闻到香味，就会觉得食物很好吃；看见绿色的叶子，就会觉得水果很新鲜；听见一些浪漫的故事，就会觉得产品自带爱情的光环。相较于理性思维，感性思维更容易被调动，也更加简单和直接，顾客很容易依据自己的喜好或者直觉做出判断。

事实上，在采取感性的营销策略中，商家能够预测到顾客也会采取感性的策略来面对产品，就像没有多少人会在意钻石是不是真的包含爱情元素，也没有人会挖掘有关钻石的各种爱情故事是不是真的，从顾客被打动开始，一切都会按照感性思维的逻辑进行下去。

所以，在很多时候，商家更愿意使用感性的营销策略，汽车广告更多地在呈现汽车行驶的画面感，或者强调一些诸如家庭和安全感的主题，而很少有汽车广告去强调汽车的各项技术参数、去强调一个轮胎的加工工序。一些啤酒广告更多地强调某种文化，无论是社交文化、酒文化、篮球文化还是嘻哈文化，都是以画面呈现和故事叙述为主，没有人会强调啤酒的原料和制作工序。即便是越来越重视技术的手机行业，广告商也在尽量避免将技术参数呈现出来，讲故事和视觉展示反而成了最佳的营销策略。

在一个日益重视质量和细节的社会文化体系下，理性似乎应该成为主流，可是商家反而都在刻意避免使用理性思维，避免使用理性的营销策略，除了一些特殊的行业和产品之外，他们很少强调专业和理性，更是很少将这些运用到广告营销当中，就是因为他们都意识到调动理性思维对自己的宣传和销售没有多少好处。而对顾客来说，也是一样，在感性思维和理性思维的选择上，他们多数时候更喜欢调动感性思维来处理相关的信息。每个人都拥有两种思维，但是感性思维无疑是最活跃的那一个。

经济学家伯德·施密特博士在《体验式营销》中强调了体验式营销的概念，按照他的说法，消费者是感性与理性兼具的，消费者的体验至关重要。他在书中重点提到了体验式营销五个基本方面的内容，即从消费者的感官、情感、思考、行动、关联来定义和思考营销的方式。有关消费者的感官问题，其实就是一种感性思维的刺激。知名营销人叶茂中在谈到销售策略时直言不讳：“有时感性的诱惑比理性的说服更为重要。因为理性的说服是后天的学习成果，而感性的诱惑是先天的本能。”

总而言之，如果商家试图引起消费者和顾客的注意，那么更好的一种方式就是运用感性营销策略，以此来引导顾客产生感性思维。

## 借助小狗策略，约束他人的情感

有个小男孩在宠物店看中了一条拉布拉多犬，店老板也殷勤地介绍这条狗，并且故意让小男孩去摸拉布拉多犬的毛。小男孩非常开心，他却一直都在强调自己没法带走这条狗，因为妈妈可能不同意。面对这样的情况，一般的人可能会直接说："真可惜，这真的是一条不错的狗。"或者告诉对方"可以回家让妈妈掏钱购买"，可是店老板却二话不说，直接将狗绳交给孩子，让他先牵回家去养几天，如果不合适或者不喜欢，那么只要在下周一送回来就行；如果觉得非常喜欢这条狗，到时候再花钱购买也没事。到了星期一，小男孩领着妈妈来到宠物店，为那条牵走的拉布拉多犬付了钱。

许多人可能会赞美店老板富有爱心，却没有注意到他身上所具备的出色的博弈能力和销售能力，可以很快将产品销售出去，而这种销售就建立在出色的博弈思维上。在面对孩子的时候，首先店老板并不急于推销自己的狗，也不急于劝告孩子购买这条狗，他意识到真正决定购买狗的人不是孩子（孩子不是家庭经济的掌控者，没有财务自由），而是父母，可以说父母才能提供购买拉布拉多犬的机会，所以这件事必须让父母参与进来并做主，于是他决定将狗送给孩子养几天，一旦孩子养了几天，就会维持之前领回家时的承诺，然后就再也无法拒绝这条狗了。店老板将自己与孩子的博弈直接转化成为孩子与母亲的博弈，并顺利将孩子变成自己与孩子母亲进行博弈的关键筹码，他预料到母亲必定会满足孩子的需求，不忍心将领到家里的狗送走，因此往往会买下这条拉布拉多犬。

这就是神奇的小狗策略，这一策略的核心就在于让对方获得一定的体验，而这种体验无疑会让他们主动消除更多的障碍，以便获得更多、更好的体验。人们可以简单梳理一下相关事件的整个过程，首先店家需要面对的是没有购买力的小孩子，或者说需要博弈的是孩子的母亲（名义上的消费决策者），不过店家不会轻易直接与母亲进行交流和博弈（这样的胜算并不高），他将狗送给小孩子领养几天，为的就是吸引小孩子，然后引导对方参与到家庭内部的博弈当中，而在家庭中，孩子可能大多数时候都占据优势，因此他有很大可能说服母亲，或者说母亲会因为孩子将狗带回家这件事而动摇“你不能买狗”的立场。

在整个博弈中，店家与小孩子的博弈是一条明线，店家的策略就是通过让孩子体验养狗的乐趣，说服对方买狗。店家与孩子母亲的博弈是一条暗线，店家的策略就是促成小孩子带狗回家这件事，对母亲发动情感上的攻势，确保母亲在孩子面前屈服。可以说在整个博弈过程中，店家始终保持着主动权，始终注意如何去控制好节奏，懂得如何做到进退自如，结果在明线和暗线这两条线上都保证了博弈的顺利展开。

而在这两条博弈线上，店家的基本策略就是“以情动人”，而且他知道对方一定会被“感情”所打动。在面对孩子的时候，店家的策略就是利用孩子对于动物的关爱做文章，同时展示对孩子兴趣的一种尊重和保护。店家自始至终都在维护孩子的兴趣，都在迎合孩子的期待，而从没有想过打断或者破坏孩子的这种期待，直到他同意孩子将狗带回家，都是一种理解、宽容与迎合的表现，孩子会将对狗的喜爱转化为对店家的信任，同时也强化了自己购买狗的立场。

在面对母亲的时候，店家的策略就是利用孩子和母亲之间的那种爱作为博弈的一个重要助力，他知道在整个家庭中，虽然母亲掌控着买狗的经济大权，但是孩子的需求、执着，以及母亲对于孩子的爱仍旧会成为最终的决策因素，当母亲看到孩子对狗非常在乎的时候，她无论如何也不忍心让孩子将领回家的狗送回宠物店，在这份情感面前，母亲会变得非常被动，直接被店家的策略牵着走，即便她能够意识到这是店家的销售策略和营销手段，她也很难去进行抵抗，因为任何一种抵抗都可能会伤害到孩子的自尊心和情绪，而她在衡量一条狗的价钱和孩子的快乐时，很容易选择后者，毕竟这是她身为母亲最重要的责任。

小狗策略在生活中比较常见，最常见的就是销售行业，比如很多卖衣服的商家会建议那些犹豫不决的顾客先将衣服拿回去试穿几天，看看亲人、朋友的评价，再决定是否购买，如果觉得不合意，完全可以退货。而一般情况下，几乎很少有人会在购买衣服或者试穿之后退货。很显然，人们不太容易在情感上做出背叛自己的决定，也不太容易违背自己的选择。与承诺一致原则稍微有一点不同的是，很多主动选择产品的人，本身也是喜欢这些产品的，当自己试穿之后，自己的感情往往会变得越来越强烈。

在一些工作当中也是如此，当一些人想要挑战某项工作的时候，管理者只需要满足对方的要求，给对方一次尝试的机会即可，并且告诉对方，如果不想接受挑战了，完全可以退出。结果很多员工在接受挑战之后，不愿意放弃这份工作，反而会觉得这种挑战很有意义。

使用小狗策略，往往就是为了把握人心，为了让自己和所做之事产生更深的情感联结，而这些情感联结无疑会更好地引导人们继续完成这件事，直到获得满意的结果。

## “失去什么”比“获得什么”更能引人关注

某银行的职员小A向顾客介绍自己的产品：“银行最近推出了一款高收益理财产品，投资金额7万元起步，预期年化收益率最高能达到12%，有兴趣购买这个产品的人还会获得新人大礼包一份，价值5000元。”面对小A的诱惑，一个月内前来办理业务的客户根本不为所动，只有很少一部分人去柜台询问了一下具体的事由。

职员C同样在推销这款理财产品，但是他的表达方式与小A有些不同：“银行推出了一款高收益产品，限期一个月，如果一个月内没有买到这款产品，恐怕会失去最高为12%的年化收益，还有一个价值5000元的大礼包。”结果，在那一个月，有40多位客户主动去职员C那里购买这款理财产品。

一家跨国公司准备与另一家公司在新能源开发领域内进行合作，第一次，跨国公司的副总带着非常专业的谈判团队前往对方的总部进行商谈，出售自己的部分业务。在谈判过程中，副总开出了一系列优渥的条件，并且反复强调了这一次合作会给对方带来什么好处，包括新的销售渠道、更高的品牌知名度、更高效的管理模式、更大的发展空间和更高的利润。可是无论副总的谈判团队怎么努力，对方始终没有决定是否要进行合作。

就在大家一筹莫展的时候，跨国公司谈判团队中的一个谈判专家提出了一个建议，他让副总发起第二次谈判，然后在谈判中修改以往的措辞，将“如果同意合作，将会给对方创造×××收益”，改成“如果无法合作，将会非常遗憾地失去×××收益”。当副总照做之后，谈判很快就获得了成功，公司顺利出售相应的业务。

心理学家发现人们对于自己将会获得什么收益往往持低估的心态，对于自己将会失去的损失则会进行高估，即人们常说的夸大自己的损失。可以说，相比于自己获得的收益，人们似乎更加关注自己将会失去什么，并且对自己的损失更为敏感和担心。比如人们在购买产品时，经常会认为自己吃亏了，因为消费者始终都认为“没人会做不赚钱的生意”，本着这样的想法，他们会对自己获得的收益持怀疑态度，认为自己获得的收益并不多，至少不会对等于自己的付出，而对于自己付出的价钱，会觉得“我付出的钱太多了”。

这就是损失效应，它在购买产品的场景中比较常见，为了提升成交率，销售员需要想办法提升对方的安全感，需要想办法提升对方的消费体验，尤其是一些愉快的消费体验。除此之外，销售员需要掌握一些技巧，比如不要总是强调自己会给消费者带来什么，而应该将这个表达方式转化成“如果你不参与这次交易，将会损失什么”。将收益转化成损失来强调，无疑可以最大化地发挥损失效应，从而给消费者制造一些心理负担，并引导他们立即做出购买或消费的决定。

损失效应会导致人们过度关注自己即将付出的代价和成本，会关注自己将会失去的东西，考虑到损失可能产生的一些不适，销售员会尽量避免直接告诉消费者不同产品种类花掉了多少钱，而是直接给出一个总价。与之前强调损失了什么相比，这里则要尽量避免将损失具体化，避免对损失项目进行细化，而一个简单的技巧就是：坏消息一次说清楚，好消息分次来谈。

比如有个人去购买套装，结账的时候，销售员告诉顾客说："先生，您一共消费了2568元。但是我们会赠送一条价值100元的围巾、一双50元的袜子、一个150元的挂饰给您。"通过具体的赠品介绍，消费者往往会认为这次购买很划算，尽管赠送的物品并不值钱。

如果销售员在结账时这样说道："先生，您一共消费了2568元，但是我们会额外赠送一些价值300元的东西。"又或者说："先生，您一共消费了2568元，其中外套1200元，羊毛衫800元，裤子568元。然后我们会送您一些价值300元的礼品。"

上面三种表达方式，你认为哪一种更具有吸引力呢？答案是第一种，在这种表达中，消费的价钱一次性说出来，而享受到的福利则分次说出来，这样不仅会让消费者感觉自己占了便宜（因为东西很多），还会让消费者延长对福利的享受，可以说分次摊开来谈论福利或者优惠，可以让消费者的体验更加具体，时间也更长。而同样是享受了300元的优惠，单纯的一句话带过无疑会降低消费者的体验。

有人做过试验，让超市业务员将需要赠送的赠品分成两种方案，第一种赠品方案是一个价值830元的电压力锅，第二种赠品方案是价值150元的一套碗碟、价值200元的两罐山茶油、价值150元的睡衣、价值130元的砧板。结果在价格透明的情况下，多数人选择了第二套方案，这里固然涉及“生活用品越多越好”的思维，但是两者之间的价格却相差了200元，这对于追求更多优惠的消费者来说，显然说不通。更合理的解释就是，优惠和赠品的分次使得消费者产生了更大的满足感。

同样地，在谈论付出的成本时，有时候需要尽量将产品的价格一次说清楚。很多时候，消费者不会有“这个产品很贵”的想法，如果分次、分项目来说，消费者对于产品的价格会有更深刻、更具体的理解，可能会觉得产品的价格有些名不副实，造成了重大的损失，加上他们一旦认为“这也要花钱，那也要花钱”，就容易反悔。

损失效应完全体现出了消费者渴望以更低成本获得更多收益的心理，在他们看来，只有花更少的钱买更多的东西，整个交易才有意义。正是基于这种预期，才使得消费者经常会表现出对损失的过分恐惧。这种不安全感有时候会让他们犹豫不决，有时候又会让他们对损失产生不甘的心理。因此对损失的强化无疑能够有效帮助消费者建立更好的产品印象。

## 只针对少数人进行谈判

一家公司的员工都在抗议老板发的工资太少，他们准备联合起来向老板施压，希望老板能够给员工涨工资。一般来说，老板在应对这类情况时，可能会制定两种策略：向员工妥协或者坚持不做让步。

当老板采取妥协策略时，能够使员工的利益得到满足，老板的利益却会受到损害，因为公司不得不在工资上多支出一大笔钱。当老板坚守立场，不肯向员工妥协，并且表态不肯接受工资标准就走人，这个时候存在两种情况，第一种是员工不想失去工作而被迫妥协，但是这种妥协也意味着他们可能会消极怠工，老板暂时保住了自己的利益，但是从长远来说，会带来很大的伤害。第二种就是员工也毫不让步，双方的矛盾被激化，这个时候，所有的员工都宣布走人，而老板也损失惨重，不得不重新招人，并且公司的经营受到严重影响。

分析以上两种策略，似乎老板并没有找到非常好的应对方法，他在博弈中必定要损失很多利益，因此一直愁眉不展。这个时候，有人给老板支招，提供了一个新的策略，那就是尝试着给几个员工谈判代表涨工资，满足他们的利益诉求，至于其他人则暂时不予满足。

提供建议的人认为，满足少数人的利益诉求往往可以有效瓦解员工的谈判联盟，因为对于涨工资的那些员工来说，他们的利益得到了满足，这个时候就会主动调整自己的策略。他们会思考自己接下来的决策，如果继续联合其他员工向老板施加压力，那么一切都是为其他员工谋福利，自己并没有什么利益诉求，一旦老板翻脸自己可能会失去那些已经获得的利益。所以在权衡利弊之后，他们会想办法采取退出同盟的策略，这样做可以明哲保身，确保自己不会受到任何牵连。

而对于其他人来说，他们不明白为什么只有少数人的诉求获得了老板的重视和满足，是不是这些人背叛了自己，是不是这些人在私底下和老板做了交易，双方达成了某种协议，而这个协议很有可能出卖了其他员工的利益。由于这种猜忌，整个同盟很快会出现裂痕，那些获得满足的员工会受到质疑、指责和排挤，而这种排挤行为又会导致那少部分受益者离开同盟，从而减弱了同盟的力量。

对于老板来说，这是一个非常巧妙的攻击方式，只需要通过满足少数人的利益，就达到了分解同盟的效果，能够用最少的成本获得最大的利益。而这种方式在现实生活的谈判中往往非常有效，尤其是面对一些不那么团结的群体，这一策略可以很快奏效。比如在生活中，某些人会结成一个群体，但是维持这个群体的力量可能并不强大，整个群体的同盟关系也不够稳定。大家都是因为一些共同利益结成临时的同盟，既然如此，只要博弈者想办法破解共同利益，或者让某些人从共同利益的约束下解脱出来，整个同盟就会很快失去原有的束缚力和凝聚力。

在企业管理和团队内部的利益分配事件中，都可以运用这一策略，这个策略的核心理念就是通过满足一部分人的需求来化解同盟的力量，减轻自己所要面对的压力。这是一种有效的转移压力的方式，可以将矛盾点部分转移到同盟内部之间的斗争中去，从而以较小的代价来赢得博弈主动权，并且确保自己的利益不会受到太大的损害。

这一策略也并非只适用于对抗性的管理模式中，它同样可以作为激励性的策略来使用，比如在一个团队中，管理者希望所有人都能够获得进步，希望所有人都可以发挥出最大的力量和价值，因此管理者经常会提供一些激励性的措施，比如提供晋升机会，提供更高的工资和福利，但是在采取激励策略时，管理者并不会直接为每一个人都准备类似的激励方案。比如一家公司有50名员工，那么管理者绝对不会告诉所有员工，“如果你们表现出色，都会获得晋升，都会拿到5000元的奖金。”聪明的管理者更善于调动内部的竞争性，他们会这样告诉员工，“公司准备了一笔奖金，那些表现最出色的5个人将会获得这笔奖金。”或者说“公司将会提拔表现最好的那3个人”。接下来，管理者要做的就是安安心心地坐在一旁，看员工们相互竞争。

实际上，这种特殊的激励策略，比直接承诺为每一个出色的人提供奖励要更为高效，由于职位很少，奖金有限，而竞争人数众多，员工必定会表现得更加努力，必定会在工作中拿出最好的状态来展示自己的价值。

少数奖励原则是一种非常实用的策略，它在很多时候都可以对整个群体产生巨大的影响，而对于管理者来说，他们只需要花费少量的成本就能够解决大问题，因此很容易获得大家的认同。不过这一策略有时候也会失效，比如当整个要博弈的团队和群体非常团结时，少数奖励原则的策略就会失效，对方会识破运用这种策略的目的，要么没有人愿意接纳这些奖励，要么接受奖励的人仍旧会与其他人保持同盟关系，这对于管理者来说非常不利。

# 如何把握压迫的临界值

有一家大企业与一家小企业进行商业谈判，大企业要求小企业必须将产品报价压低到单件产品10元，可是对于小企业来说，10元刚好比成本价稍微高一点，基本上处于无利可图的状态，最低也应该在10.5元。由于双方之间的报价差距为0.5元，很难达成统一的意见。

大企业试图不断压价，并且一直都有意无意地暗示自己将会取消与小企业的合作，而小企业一直都渴望抓住这样的合作机会，但是如果价格压得太低，自己也无法盈利，那么这样的合作实际上也没有任何意义。所以在双方的博弈中，大企业不太可能将价格压到10.5元，因为这样的报价会摧毁双方的合作关系，小企业直接宣布退出合作。但是大企业也必定会想办法压价，确保自己可以获得更大的利益。

在这样的博弈中，大企业的做法就是试图让自己做到无限趋近于10元的报价，而小企业的做法是试图让报价无限趋近于10.5元，而从双方实力对比来说，无限趋近于10元才是博弈的主流，也是双方博弈的焦点。

那么大企业该如何达到自己的目的呢？直接施压是一种非常好的方法，大企业可以通过长期合作的方式引诱对方做出妥协，可以通过更换合作商的方式威胁对方做出妥协，这两种方式都可以起到一定的效果，但小企业也会不断给自己挪出更多的谈判空间。在这样的情况下，双方之间很容易继续相互试探，并且大企业会想办法在谈判中适当留有一些余地，因为它们的目标是尽量压低报价，而不是让对方无利可图，只不过它们会想办法控制好自己的尺度，并且非常细致地评估对方的反应。

在现实中，最典型的就是苹果公司，苹果公司是世界上利润最高、市值最高的企业之一，它本身拥有非常强大的商业吸引力，而且也打造了一条完善的供应链，可以说苹果公司的产品除了核心技术和核心系统是自己提供的之外，其他的东西都来自不同的供应商。在面对这些供应商时，苹果公司的做法非常干脆，那就是如果谁想要继续和我合作，那就要想办法不断压低产品报价。在合作中，苹果公司的谈判能力堪称一绝，它总是将价格压低到能被对方接受的最低水平上。这么多年来，有很多供应商都在吐槽苹果公司善于剥削合作商，但没有一家供应商愿意主动退出双方的合作框架。就是因为和苹果公司合作，虽然利润低，但还是有盈利空间的，而且与这样的大公司合作，合作的量很大，而且比较稳定，不存在欠款行为。

有人在评价苹果公司的时候，认为这家公司像老派企业那样精打细算，善于压迫其他合作商，但它是一个非常圆滑的、聪明的对手，懂得如何给压迫对象留出一点空间，确保双方之间的合作具有弹性。简单来说，苹果公司给人的感觉就是“我要压迫你”，但是它能够将这种压迫行为演绎到极致，在每一个细微环节上抠钱，但绝对不会突破底线。

在与苹果公司博弈的过程中，供应商往往具有几种策略：第一种是直接将价格压到最低，对方觉得利润太低，直接选择退出，然后苹果更换合作商；第二种是苹果公司尽量压低价格，但是供应商仍旧觉得有利可图，继续选择合作。在常规条件下，苹果公司非常了解对手的想法和策略，知道对方必定会选择继续与自己合作。当然，如果自己继续压价，供应商失去了盈利空间，或者盈利空间很小很小，那么情况也许不会太乐观。

可以说，在压迫供应商方面，苹果公司非常老到，懂得寻找一个临界值，这个临界值不仅仅是介于盈利与不盈利之间，更是介于“有合作意愿”与“没有合作意愿”之间。对于供应商来说，盈利与不盈利之间的临界值是一个基本原则，如果突破了这个临界值，那么合作基础也就不复存在了，而“有合作意愿”与“没有合作意愿”之间的临界值就显得非常微妙，也许一些供应商认为单件产品的盈利超过1元值得合作，达不到1元就没有必要进行合作。

如果用物理学的方式来解释那就是质变和量变的关系，在日常生活中，人们有时候非常热衷于推动一件事的发生，希望这件事不会对个人的发展产生消极影响。有时候又希望阻止或者避免某件事的发展，确保事情不会失控。无论是推动还是阻止，实际上都是为了找到从量变到质变的一个点。要知道量变是一个逐步积累的过程，而继续这种发展趋势，从量变到达质变是必然会发生的事。在量变和质变中间其实就是一个临界值，大企业对小企业的压迫性谈判，要掌握的技巧就是找到临界值在哪儿，然后尽量做到无限接近这个临界值，但是不要去突破它。

美国作家马克·布查纳在《临界——为什么世界比我们想象的要简单》一书中以沙堆的崩塌来做比方，他认为沙子在外力作用下可以形成一个具有一定高度的沙堆，人们可以不断往沙堆上堆沙子，可是一旦到了某个界限，简单的几粒沙子就可以让整个沙堆瞬间崩塌。在这里，这几粒不起眼的沙子就是突破沙堆崩塌临界值的关键。在日常生活中，很多人难以在博弈中掌握好力度和尺度，直接导致沙堆的崩塌，一个出色的博弈者懂得掌握好尺度，懂得把握对方的心理承受极限，在尽量获得更多利益的同时，避免突破博弈的临界值。

## 第七章

# 运用博弈思维解决生活中的疑难问题

GAME

聪明的人知道如何更加完整地展示自己的优势，知道如何隐藏自己的劣势，他们会懂得在博弈中掌握好自己的思维方式，懂得如何巧妙地引导博弈对象去关注和挖掘这些优势，而非将目光停留在那些劣势上。

## 先发制人还是后发制人

在博弈中，所有的博弈并不总是同时发生的，很多时候博弈双方的策略都有先后顺序，即一方先制定策略，另一方有针对性地制定策略，这种顺序上的不同往往会产生两种不同的策略，一种是先发制人，还有一种是后发制人。

按照习惯性的博弈，人们更希望后发制人，因为让对方先出手往往可以更好地看清楚对方的策略和套路，然后有针对性地制定策略，比如很多人都听过“田忌赛马”的故事，田忌的马分为上、中、下三等，而对手齐威王的马同样分为上、中、下三等，重要的是，在同一级别的马的对比上，田忌的马比齐威王的马要差一些。

当两个人进行赛马的时候，人们自然会认为田忌一定会输，可是这种想法实际上是个人惯性思维使然，人们并没有尝试着改变赛马的策略和模式。作为田忌的宾客，孙膑为他出了一个主意，用下等马对抗齐威王的上等马，然后用上等马对抗齐威王的中等马，用中等马对抗齐威王的下等马。这样一来，田忌的马反而逆转了劣势，以2胜1负的结果赢得比赛。

“田忌赛马”是一种典型的后发制人模式，由于没有固定的赛马规则，齐威王很有可能先出下等马或者中等马，因此孙膑采取的策略就是让齐威王先出马，然后有针对性地给出策略。换言之，如果整个赛马规则要求双方必须一同出马，或者在比赛前，齐威王让田忌先出马，那么同样会让田忌处于下风。

从策略上来说，后发制人是田忌唯一制胜的机会，当然如果齐威王能够意识到这一点，那么他绝对不会先出马。从某种意义上来说，在一个重复博弈的模式中，后发制人会成为双方竞相使用的策略。

后发制人往往拥有一个最大的优势，那就是了解对方做了什么、了解对方的目标是什么、了解对方使用的策略和技巧是什么，可以说后发制人的策略往往拥有信息上的一些优势，但这并不意味着后发制人适用于任何博弈场景中。要知道在很多时候，博弈者需要采取先发制人的策略。很多出色的围棋大师，在遇到势均力敌的对手时，输赢往往就在一子之间，而这一子有时候就需要通过先下棋体现出来，可以说，那些先在棋盘上落子的围棋大师，往往不会放过这种机会。先落子的人往往把握了先发优势，可以在整个对弈的过程中保持更多的优势。

在生活中，这种先发优势同样非常重要，尤其在面对一些强大的对手时，谁能够把握先机，谁能够在博弈中最先采取行动，谁就最有机会掌握博弈的主动权。在这里，先发制人体现的是一种领先优势和主动优势，另一方的博弈者往往就会陷入被动局面。

比如在一些商业竞争中，商家为了尽快赢得市场的关注，可能会在竞争对手推出产品之前就率先将产品推向市场，从而抢在对手前面获得市场的关注。就像2019年4月3日晚上11点钟，韩国最大的手机网络运营商SK电信启动了5G网络，韩国成了世界上第一个开通5G商用网络的国家。事实上韩国所谓的5G商用只是一个概念，毕竟距离真正普及化的商用还有很长一段距离，但是值得玩味的是，韩国偏偏抢在美国人1个小时前发布了这条信息，目的就是告诉全世界“韩国在5G的商用领域是‘第一人’，也是最具优势的，美国人也要靠边站”。

尽管这样的虚名看上去没有什么意义，但是明眼人都能够看出来，韩国手机网络运营商SK电信此举就是做给美国看的，为的就是突显自身的优势。而美国人在听闻韩国抢先之后，非常不高兴，认为韩国人的做法过于小气。可是无论如何，韩国人因为采取了先发制人的方式，于是借着5G商用的噱头，成功将全世界的目光从美国人身上转移到自己身上。

在一些关于市场竞争、技术竞争、专利竞争、名誉竞争的竞争模式中，谁能够抢先走出一步，谁获胜的概率更大一些。2014年3月26日，Facebook公司与著名的沉浸式虚拟现实技术厂商Oculus VR达成协议，Facebook公司将以20亿美元的天价收购这家新兴公司，接下来Facebook公司宣布将会推出Oculus VR产品，就在大家翘首以盼的时候，包括三星公司在内的很多竞争对手抢先推出了相关的VR产品。实际上关于VR产品的相关技术至今也没有得到完善，但是其他厂家迫不及待推出产品，无疑让Oculus VR产品受到很大的打击，整个产品在市场上的影响力受到很大影响。

在市场竞争中，这一类现象几乎层出不穷，谁都希望成为市场上第一个吃螃蟹的人，谁都希望掌握市场上第一批资源。最近几年非常流行的一个现象就是抢注商标，当某个产品或者某项技术推向市场时，可能就会有人在第一时间抢注商标或者电脑域名，这样做的目的非常明确，就是把握商机，它和抢先进入市场的道理是一样的。事实上，市场对于新东西的关注还是非常高的，那些最先吸引市场关注的产品和企业，无疑更容易引起轰动。

如果说后发制人考虑的是信息匮乏下出现的针对性方案，那么先发制人更多的是出其不意；如果说后发制人的博弈者可能担心对方拥有某些优势，那么先发制人更多的是一种势均力敌状态下的交锋。这两种策略都非常有效，这两种策略都能够帮助人们掌握更多的主动权，在使用的过程中需要针对具体的环境，需要针对相互之间的力量对比、信息对比做出最恰当的选择。

## 无法形成统一的协同作战

古代战场上，有两支部队相约在黎明一同进攻敌人，但是由于两支队伍处于不同的地方，因此如何进行协同作战就成了一个难题。考虑到距离很远，然后又没有什么快捷的通信系统，最直接的方式就是安排通信兵传递信息。于是A部队的负责人安排通信兵给B部队送信，通信兵需要告诉B部队的负责人明天和A部队在黎明时分一同发起总攻。

可是A部队的负责人在具体实施这个计划的时候却犯了难，他不能确定通信兵会不会在路上被抓，不能确定B部队是否能够收到这些信息。等到通信兵回来之后，A部队的负责人又有了新的担忧，因为他知道B部队的负责人并不清楚通信兵是否顺利回到部队，是否顺利传回了信息，是否能够明确地告诉A部队的负责人“B部队已经准备就绪”。B部队的负责人也许会担心通信兵没有回到A部队，而A部队会在无法收到回信时陷入两难境地，要么擅自行动，要么取消行动。

在这种担忧中，即便通信兵在A部队和B部队之间来来回回报信，也会让相关的负责人产生担忧，因为最后一次送信后，他们都会担心信没有送达，担心自己或者对方独自面对强大的对手。在这个通信过程中，接收消息的一方必须确保让对方知道自己已经收到了相关的信息，他们会发出新的消息向对方确认自己已经收到了这一条信息。但同时这条新的信息也需要由下一条信息来确认，即“我做出的回复，你是否已经知道，希望你再次回复我”。这是一个无限的循环。然后由于他们不能保证通信兵能安全传递这些信息，一定会不断去确认信息是否安全传输到那儿，同时渴望获得对方的回复。

事实上，在通信技术落后的古代，这类协同作战几乎就是一个无法解决的难题，这个难题就是学者格莱斯在1978年提出来的“协同攻击难题”，它的关键就是信息沟通不畅以及信息可能丢失的风险，无论通信兵是否回来，是否来回通报了各自的信息，两支部队的负责人都不能确定自己所传递的信息是否能够被对方知道，他们会担心对方改变计划，而自己却浑然不知。这种信息缺乏主要就在于信息沟通不具备实时性，就在于双方无法直接进行沟通，而要依靠一种效率不高的媒介，这样就导致双方不太可能采取一致的行动。

假设这两支部队是现代军队，他们正在应对一场现代的局部战争，那么双方之间完全可以利用最先进的通信系统实时对话，双方可以在同一时间发起攻势，这样就能够每时每刻都观察对方的一举一动。而在一个沟通不畅的系统下，双方的作战行动很容易受到影响。

现代通信技术可以解决部队之间的协同作战问题，但是如果更进一步进行挖掘，在一场大型信息战的情况下，如果敌方动用信息干扰系统，那么在协同作战时可能一样会面临古人的困境。从某种意义上来说，协同攻击难题是一个解不开的死结，但是这个死结在很多时候是可以找到破绽的，比如公共知识，公共知识是协同作战中不可或缺的元素，可是在协同攻击难题的信息传递模式下，不存在信息传递的公共知识，因此人们需要想办法弱化这种公共知识，找到一种近似公共知识来解决协同问题。那么什么才是弱公共知识呢？简单来说就是一种对群体内多数人而言是公共知识，但是不能保证每一个人都会注意到它，也不是对每一个主体都成立的公共知识。简单来说，在某一分配方案中，博弈者如果将分配方案写在纸上给其他人看，而不是大声读出来，就不能保证每一个参与者都确信其他参与者注意到了这一方案，因为有些人可能并没有认真阅读，但是多数人都会注意到这个信息。

有人接下来提出了弱公共新信念，它是指某一个命题是群体内大多数人都相信的，并且大多数人都相信大多数人相信它（即人们相信群体内的其他大部分人也相信它）。可以说参与协同的人只要产生这种弱公共信念，那么就不会过度纠结于对方是否收到信息的问题，他们可以选择一个更加出色的通信兵传递信息，那么双方只要确保自己见到了通信兵，就相信对方已经收到了信息，并且相信对方也相信这一点。

或者说一方可以连续派遣两个人或者三个人（人数太多反而不安全）传递信息，这样一来，只要确保两个通信兵都回到部队，那么就意味着信息传递已经成功。同样地，对方也会坚定地认为协同作战的方案已经是板上钉钉的事了，他不会对此产生太多的犹豫。协同作战难题无法运用公共知识来解决，唯一的解决方法就是采取弱公共知识，或者打造彼此之间的弱公共信念，通过可靠的信息传递系统来提升双方的默契度，这才有助于破解难题，当然，这种方法也不一定能够保证解决问题，但至少提供了一种比较可靠的解决方案。

## 如何判定求职人员是否在撒谎

许多人都有过求职经历，通常情况下，为了给面试官和求职单位留下更好的印象，很多求职者会对自己的简历做一些修改，将一些自己从未经历过的事情写上去，以此来丰富自己的阅历，或者想办法夸大对自身能力的描述。就像某个从没有任何工作经验的毕业生，他也会在简历上强调自己在大学期间就已经外出工作和实习，并且在某某公司待过一段时间。或者某个能力一般的人却非要强调自己在大学期间一直是学生会中的骨干成员，负责处理学生会的重要事务。

在面对面试单位的时候，求职者一般都会最大化地突显自己的优势，会想方设法给自己增添更多的光环和谈判筹码。而对于面试单位来说，求职者的这种做法可能会让他们感到迷惑，他们无法分清楚对方是否撒谎，也没有太多的时间和方法去一一验证求职者所说的是否千真万确。在很多时候，面试单位都会遭遇这样的难题，他们试图招聘一个有真才实学的员工，试图获取求职者最真实的信息，但是对此他们几乎无能为力。

正因如此，对于那些从事人力资源管理工作的面试官来说，招聘新职员并不是一份轻松的工作，而是最容易出现漏洞和错误的工作，毕竟谁也不能保证自己招到的人是否在撒谎。按照这种逻辑，求职者实际上存在两个现象，一种是能够胜任工作，他们并没有在求职时撒谎；另外一种是由于撒谎，他们无法胜任工作。对面试官来说，他们的策略只有两种：相信并接受求职者，不相信且拒绝求职者。

在双方的博弈中，存在四种情况：第一种情况是，求职者能够胜任这份工作，而面试官也接受了这位求职者。这个招聘结果几乎是一个双赢的局面，求职者获得了自己梦寐以求的职位，面试官帮助公司招聘到了真正有能力、有价值的人才。

第二种情况是，求职者没有能力胜任这份工作，但是依靠巧舌如簧和自我掩饰，面试官相信他具有这样的能力，于是欣然将其招入公司。这种情况对于求职者来说是有利的，他可以获得自己想要的职位和薪水，但是对公司来说是一个潜在的风险，因为这个人无法胜任工作，必定无法创造公司所需的价值，甚至可能因为无法胜任工作而影响了整个公司的正常运作。

第三种情况是，求职者有能力胜任这份工作，他也一直坦诚相对，但是面试官认为对方在撒谎，他不想提供这样的机会给求职者。在这样的情况下，面试官做了一个糊涂的决定，这个决定无疑是双输的，既打击了求职者的积极性，使求职者丧失了很好的发展机会，同时又导致公司失去了一位有能力的人才。在失去这样的人才之后，公司可能需要花费更大的成本来寻找或者培养类似的人才，或者说可能招到的人都不如这个求职者。

第四种情况是，求职者没有能力胜任工作，而面试官通过一些简单的试探识破了求职者的谎言，因此没有聘用对方进入公司。这个时候，面试官做出了一个正确的决定，宁愿再多花时间和精力寻找下一个更为可靠的人才，也不愿意在一个没有能力的人身上冒险，这样可能会让公司承受很大的损失，还有可能增加公司培训的成本、纠错的成本、员工无力解决问题造成的生产损失、解雇这个员工的费用和重新招聘新人的费用。

在这四种情况中，可以发现，当求职者坦诚相对，拥有能力胜任工作，且面试官也愿意相信这一点而接受他时，双方获得的收益是最高的，但这并不是一个纳什均衡，可以说这种策略组合是非常不稳定的。真正的纳什均衡是第四种情况，即求职者没有能力胜任工作，而面试官识破谎言，这个时候双方采取的任何策略上的调整都将比这个结果更差。比如求职者可以选择坦诚相对，但是坦诚相对仍旧被拒绝会带来更大的打击。对面试官来说也是一样，一旦他相信求职者的谎言，那么最终会给公司造成很大的损失。

按照这个纳什均衡的提示，求职者的优势策略就是选择撒谎，就是利用欺骗手段来蒙蔽面试官，而面试官的优势策略就是选择不相信和拒绝求职者，避免有滥竽充数的人给公司造成威胁。这一点在现实生活中得到了很好的解释，因为很多求职者为了提高面试的成功率，就会使用一些欺骗手段，而面试官一旦发现有求职者这么做，就会变得更加谨慎，不会轻易相信对方，这种不信任实际上增加了应聘的难度。对于求职者来说，当自己不容易被信任时，就会产生这样的想法——“既然诚实的人也容易被怀疑，那么还不如当一个欺骗者，至少还可以给自己增加更多的光环”。这个时候他们会变本加厉，运用更多的欺骗手段。而更多的欺骗行为将会增加面试官的不信任感，从而增加面试的难度，最终导致双方都走进一个恶性循环之中。

为了改善整个求职市场的环境，为了让公司招到真正有能力的人，同时避免人才被随意拒绝和浪费，用人单位和面试官需要增加一些考核的方式，确保自己能够慧眼识珠，招到优秀人才，同时尽可能过滤掉那些没有真才实学的欺骗者。比如面试官可以设置一些更能体现真实能力的考核方式，通过笔试、工作抽样、现场模拟的方式深化对求职者的认识。

面试官和用人单位也可以尝试着增加求职者欺骗性行为的成本，比如一旦发现有人欺骗自己，就直接予以开除，解除这一份带有欺骗性的劳动合同。还有一些用人单位会设定一个比较长的试用期进行考核，试用期的工资非常低。如果在试用期内展示出的能力与简历上所说的能力相符合，那么公司会给予相应的工资补偿。如果对方的行为和能力明显与自己所描述的不一样，那么公司就要进一步降低试用期的工资，让对方承担撒谎的后果。一些用人单位会将考核成绩输入电脑，这种记录方式会成为每一个求职者的历史记录，甚至将其共享给一些客户公司，这样就对每一个求职者的能力提出了要求。

不过，无论用人单位如何进行防备和约束，总还是有人会在求职时撒谎，还是有人会不可避免地期待着利用这种策略实现个人的就业目标。面试官和用人单位并不能真正完全杜绝这些不合理的、不道德的求职行为。

## 警察与犯罪分子的博弈

纽约皇后街区是世界上最危险的市区之一，那里黑帮横行，犯罪活动几乎每天都在上演，为此，政府部门一直都在积极想办法进行打击和治理，为了降低犯罪率，政府安排警察每天进行巡逻，而只要政府加强了巡逻，犯罪活动必定会减少，一旦警察减少了巡逻的次数，犯罪活动又会变得猖獗。可以说警察有两种策略：一种是选择加强巡逻，一种是选择休息。而犯罪分子同样有两种策略：一种是作案，一种是不作案。

对于警察来说，如果他们能够意识到犯罪分子想要作案，那么最好的方法就是加强巡逻，而对于犯罪分子来说，当警察加强巡逻时，最明智的做法就是不作案。在正常情况下，考虑警力有限，警察不可能每天都出来巡逻，更不可能每天都派一大批警力出来巡逻。而考虑到犯罪分子和警察之间不可能互相了解彼此的行踪，犯罪分子也不可能每天都出来冒险，更多时候他们之间会依据对方的行动概率做出判断。

双方之间存在多种策略组合。

第一种策略是，警察加强巡逻，犯罪分子作案，这个时候犯罪分子会被警察抓住，收益为-2，而警察将会因此获得奖励，收益为2。

第二种策略是，警察加强巡逻，犯罪分子选择躲避，这个时候，犯罪分子的收益是0，警察的收益同样是0。

第三种策略是，警察不巡逻，犯罪分子出来作案，这个时候，犯罪分子的收益为1，警察因为失职，收益变成-1。

第四种策略是，警察不巡逻，犯罪分子没有出来作案，这个时候，犯罪分子的收益为0，警察的收益为2（整个社区治安良好，而警察也得到了休息）。

在这四个策略组合中，警察可以对犯罪分子的行动概率进行分析，认为犯罪行动的概率为$x$，那么不作案的概率就是$1-x$，这个时候，警察休息的预期效用$0\times(1-x)+2x=2x$。警察巡逻的预期效用则是$2\times(1-x)-1x=2-3x$。经过对比，当$2x>2-3x$时，警察最好选择巡逻，也就是说当$x>0.4$时（犯罪的概率大于0.4），警察最好采取巡逻的策略。当$2x<2-3x$，$x<0.4$时，警察最好采取休息的策略。

从犯罪者的角度来说，他们也会分析警察巡逻的概率，假设警察巡逻的概率是$y$，休息的概率是$1-y$，犯罪分子作案的预期效用就是$-2y+1\times(1-y)=1-3y$，不作案的预期效用是$0\times y+0\times(1-y)=0$。当$1-3y>0$的时候，$y<0.33$，作案是最佳的策略。反过来说，当$y>0.33$时，最适合不作案。

所以，结合警察和犯罪分子的行动概率，警察可以按照0.33的概率去巡逻，按照0.67的概率去休息，犯罪者则可以按照0.4的概率去作案，以0.6的概率选择躲避。按照这种分析，当警察以高于0.33的概率巡逻，那么犯罪分子最好不要出来作案。所以当警察的巡逻概率高于0.33时，犯罪分子应该躲在家里休息，而由于长时间一无所获，警察的巡逻概率就会下降，犯罪分子会变得更加活跃，而之后警察的巡逻概率又会上升。久而久之，双方的博弈会在警察保持0.33的巡逻概率，而犯罪分子保持0.4的作案概率时维持均衡。

如果将这个问题进行转化，可以用人数上的对比进行更加直观的描述，也就是说当作案的犯罪分子越来越多时，巡逻的警察也会增加，作案的犯罪分子减少时，巡逻的警察也会相应减少。反过来也是一样。假设纽约皇后街区的某个犯罪集中地拥有100名犯罪分子，而该地区可调动的警力为100名。那么当巡逻的警察少于33人时，犯罪集团需要派出40名以上的犯罪分子作案。当巡逻的警察多于33人时，犯罪集团派出作案的犯罪分子就要少于40人。随着相互试探，各自队伍的人数会出现变动和调整，双方最终会在巡逻警察为33人、犯案人数为40人时形成一种均衡状态。这种均衡实际上就揭示了为什么警局总是会安排警察进行巡逻，而犯罪团伙也总是保持一定的犯案人数和作案数量。

警察和犯罪分子的这种博弈实际上类似于“猫捉老鼠”的游戏，按照正常的情况，猫出现的时候，老鼠会躲起来，而当猫休息的时候，老鼠就会出来行动。在双方互不了解各自行踪和策略的情况下，往往需要制定一个混合策略来博弈。类似的博弈方式出现在需要相互逃避的博弈者之间，并且其中一方会对另一方形成威胁，面对这种情况，人们需要运用类似的博弈策略来评估各自的行动，制定一个相对合理的策略，或者说试图与对方形成一种均衡。

有人曾经拿离异家庭来做对比，一对夫妇离婚之后互不理睬，但是他们有一个儿子在国外上学，夫妻俩总是不定时地要去看看孩子。由于这对离异夫妻离婚之后没有任何联系，也不想有任何联系，双方根本不可能了解对方的行踪，因此难免会在同一时间段看孩子，这个时候就容易发生冲突。为了避免两个人碰面，双方在不愿与对方进行对话约定看孩子的时间的前提下，只能选择对对方的行动进行猜测、对对方行动的概率进行分析，然后运用这些概率来决定自己的行动。这个比方在一定程度上反映了警察与犯罪分子之间的博弈，但是警察与犯罪分子都是以群体的形式存在的，因此夫妻双方实际上不存在人数上的一种均衡，或者他们可以在看孩子的次数上进行平衡。而无论如何，这类博弈是建立在概率分析的基础上的，对于人们的行动有很强的指导性。

## 让人殚精竭虑的蜈蚣博弈

近年来，孩子的学习压力越来越大，而家长的压力也越来越大，其中如何让孩子在高考中脱颖而出就成了家长最关心的事情。当所有人都期待着想要让孩子考上一所好大学时，父母自然而然会想方设法将孩子送进好的高中，当然他们知道其他父母也会这么想，所以父母又会想方设法找一个好的初中，尽量安排孩子进入当地最好的初中学习，很显然，其他的父母也会这么去想，谁都希望自家的孩子在众人当中出类拔萃。在这种博弈思维下，时间又会被迫提前，父母开始在小学阶段进行布局和博弈，可是当他们这么想的时候，又会往前推到幼儿园，父母会认为只有在幼儿园落实好教育，打造良好的教育基础，才能更好地把握未来。当大家正想着如何找一个好的幼儿园时，一部分父母又开始将目光放在早期教育以及胎教上，而其他父母自然也会想到这一点，所以胎教成了子女教育的一个重要环节。

如果这个博弈继续进行下去，那么就要涉及孕妇养胎时的营养摄入问题、情绪调节问题，甚至考虑到父母的婚配问题。这个博弈似乎可以继续循环和往前追溯，并形成一种特殊的蜈蚣博弈。

蜈蚣博弈实际上也和囚徒困境有关，因为担心遭到对方的背叛，人们指望通过一个多次重复博弈的模型（有机会接受多次审讯）摆脱困境，这样一来人们就有机会在下一次博弈中惩罚那些背叛自己的人。假设囚犯A第一次背叛了囚犯B，那么囚犯B肯定会在接下来的第二轮博弈中采取不合作的态度。如果囚犯A在第一轮博弈中就采取合作的态度，那么两个囚犯就会建立互信，双方必定会在接下来几轮博弈中继续保持合作的姿态，因为大家都知道这样对自己有利。

可是如果约定了重复博弈的次数，那么情况就容易出现变化，比如以8局为例，那么在第8局的时候，其中一方可能会采取背叛对方的策略，直接承认自己的罪行，这样一来，当对方不承认罪行时，自己承认罪行就可以直接释放，可以说在第8局做出背叛时可以确保自身利益的最大化。当然，另一个囚犯必定也会了解和防备对方的背叛举动，所以他会提前布局，在第7局就背叛对方。这个囚犯的策略自然也会被对方识破，因此对方会想办法在第6局采取背叛的策略。就这样，双方会将背叛的时间不断提前，最终双方在第1局就会采取背叛的策略。

这种不断往前推移的博弈方式就是一种典型的蜈蚣博弈，经济学家罗森塞尔率先发现并提出了这一博弈理论，这是一种从后往前推的博弈方式，它揭示了一些博弈中的悖论，打破了人们的直觉分析和思维。

比如有一家服装店准备搞促销，决定举办一个为期7天的打折促销活动，第一天的衣服为8折，第二天为7折，第三天为6折，第四天为5折，第五天为4折，第六天为3折，第七天为2折。这家服装店强调时间有限，产品有限，希望消费者在促销期光临。按照常规思维，人们应该选择在第七天的时候前往服装店，因为这个时候的衣服是最便宜的。但事实并非如此，大部分人在第四天打5折的时候就去购买衣服了，原因很简单，当人们都想着等到第七天去购买衣服时，也会想到其他人是不是和自己想的一样，选择第七天去购买衣服，如果是这样，那么自己可能就无法买到想要的东西，因此不如提前一天去。但是其他人也必定知道这样的情况，他们可能会产生同样的想法提前一天。这个时候人们会意识到其他人也会选择提前，因此最好的方式就是再往前一天，而其他人同样会这么想，在相互预测彼此的策略时，人们的策略就是不断往前。最终到了第四天的时候，大部分人就涌入服装店购买心仪的产品了。

不过当博弈者设定一个固定的期限时，博弈的次数就有了限制，而这种限制可能会直接导致人们以背叛的姿态相对，毕竟当人们意识到没有合作的机会后，就会动用背叛策略来为自己赢得最大的利益。正如同《妙趣横生博弈论》中所说的那样："就像边缘政策一样，跬步前进缩小了威胁或许诺的规模，相应地也缩小了承诺的规模。只有一点需要特别小心：深谙策略思维的人懂得瞻前顾后，他们最担心的是最后一步。如果你预料自己会在最后一轮受到欺骗，你就应该提早一轮终止这段关系。但是，这样一来，倒数第二轮就变成最后一轮了，所以你还是没有摆脱上当受骗的问题。要想避免信任瓦解，千万不能出现任何确定无疑的最后一轮。只要仍然存在继续合作的机会，那欺骗就是不值得的。因此，如果某个商店打出'结业大甩卖'的标语，出售大批大减价商品，你就要特别小心你要买的这些东西的质量了。"

## 空城计背后的大局观

在《三国演义》中，“空城计”是一个非常经典的故事，“空城计”发生的背景是诸葛亮在北伐途中，安排马谡领兵守卫街亭，结果由于马谡骄傲自大以致街亭失守，直接影响了北伐计划，失去了这样一个重要战略地点的蜀国，在面对强大的魏国军队时陷入被动，粮道被阻断。眼见形势不利于自己，诸葛亮赶紧命令军队向西撤退，并且自己带领士兵去西城搬运粮食，这个时候司马懿识破了蜀军的意图，直接带领军队杀到了西城。

面对司马懿麾下的十万大军，西城只有五千老弱残兵抗衡，为了摆脱困境，诸葛亮并没有盲目迎战，也没有逃跑，而是命人打开城门，自己登上城楼弹琴。结果司马懿的十万大军杀到城下时，眼见城门大开，而城楼上的诸葛亮沉静自若，悠然自得地抚琴。司马懿担心诸葛亮埋有伏兵，担心自己会误入陷阱，于是急忙下令军队撤退。司马懿的儿子非常不解，认为父亲应该让军队杀进去，活捉诸葛亮。可是司马懿非常担忧地认为，诸葛亮一生用兵非常谨慎，绝对不会像现在这样城门大开，里面肯定设有一些埋伏。

司马懿退兵之后，很多人认为诸葛亮的做法太过于危险了，可是诸葛亮非常自信地表示，司马懿生性非常多疑，对自己用计用策的谨慎态度也非常了解，因此绝对不敢贸然进城。

按照诸葛亮的说法，这是他与司马懿之间的一种博弈，诸葛亮可以选择反抗，可以选择逃跑，也可以选择使用“空城计”。其中反抗是下下策，无异于以卵击石。逃跑虽然可以暂时脱困，但是可能很快就会被司马懿的大军赶上，而且粮草还没有送到，很容易被司马懿的军队破坏。相比之下“空城计”似乎是兵行险招，但诸葛亮选择使用这个策略并非没有道理。因为他知道司马懿了解自己的用计习惯、了解自己的性格，而正是这种了解会误导司马懿做出错误的判断，认为诸葛亮绝对不会冒险打开城门，除非有什么埋伏。

面对诸葛亮的行动，司马懿当然也有两种选择：一是选择率军攻入城内，二是选择撤退。在做出选择时，他必定会分析其中的利弊。当他选择带兵攻城时，如果遭遇伏兵，那么可能会损失惨重，而且无法活捉诸葛亮。如果没有遭遇伏兵，就可以毫不费力地攻陷西城，将诸葛亮抓住。

如果打算撤退，一旦城内没有伏兵，自己则白白错失占领西城并抓住诸葛亮的机会。一旦城内设有伏兵，诸葛亮可以从容撤退，但自己可以避免中埋伏，这样就免除了魏军遭受损失的危险。

从利益的角度来分析，当司马懿选择撤退时，魏军和自己会十分安全，而当自己进攻时，将会有50%的可能遇到伏击。按照司马懿对诸葛亮的分析，他更加倾向于相信城内设有埋伏。在这样的情况下，司马懿就会选择撤退，宁愿让诸葛亮逃走，也不愿意以身犯险。

在这里，诸葛亮的博弈策略非常奏效，并且在这场心理博弈中，他对于信息的掌控更为出色。如果说司马懿之所以撤军是因为对诸葛亮非常了解，他的想法就是“我认为你不敢开城门”。那么诸葛亮摆出“空城计”则是因为他意识到司马懿非常了解自己，他的想法就是“我认定司马懿会认定我过于谨慎而不敢开城门”。

如果对两个人的博弈进行深入分析，事情可能并非如此，作为诸葛亮最强大的对手，司马懿必定知道诸葛亮故意摆出“空城计”吓唬自己，他一定分析过攻城的合理性，但是自己并不会这样去做，因为一旦真的攻城消灭了诸葛亮，然后继续进攻蜀国，可能会帮助魏国消灭蜀国，那个时候自己也就失去了价值，必定会被当权者抛弃甚至被谋害。作为一个老谋深算的人，司马懿不可能不知道这一点，所以从一开始，他就打定主意要放走诸葛亮，而他料定诸葛亮会使用计谋拖住自己，他的做法就是将计就计，假装自己被诸葛亮的计谋给吓住了，这样就能够有效避免贻人口实。

从这个角度来说，司马懿似乎在整个博弈中站得更高、更远，他更像是整个博弈场景的布局者，诸葛亮的一举一动都被他看透了，诸葛亮也只是他整体布局中的一颗棋子，使得自己在魏国当权者与自己、自己与蜀国、魏国与蜀国的三方博弈中维持平衡。

不过，话又说回来，也许这一切又是诸葛亮的简单布局而已，他大概知道像司马懿这样的人绝对不会被一个小小的“空城计”所迷惑，毕竟司马懿会对整个西城内的军队进行分析，无论自己摆下“空城计”或者其他什么计谋都难以阻挡魏国大军，或者从整个博弈过程来说，使用“空城计”或者其他什么计谋根本就不重要，重要的是无论什么计谋都会导致司马懿退兵，他知道司马懿必定会这样做，也知道司马懿一定了解自己会这样做。最简单的原因就在于，诸葛亮非常了解司马懿在魏国的处境，了解魏国当权者一直在利用和防备司马懿，知道司马懿肯定会避免走上“狡兔死走狗烹”的道路，因此司马懿一定会放走蜀国残军。当诸葛亮明白这一切之后，只不过是在城墙上做做样子而已，同时给司马懿提一个醒：“你不敢抓我，因为我今日被抓的下场就将是你明日的下场。”因此双方的博弈策略变成了这样两种：第一种是司马懿抓住诸葛亮，司马懿被魏国当权者随便找个理由处死；第二种是司马懿放走诸葛亮，继续与蜀国打下去，自己也能继续受到魏国当权者的重用，保住一家老小的性命。显而易见的是，司马懿会选择第二种策略。

在这场已经超出了军事层面的博弈之中，诸葛亮和司马懿都是大师级别的人物，而他们对于彼此的了解使得整个博弈演绎成了一个“空城计”的故事。因此，很多博弈表面上是相互之间的利益追求，如果进行深层挖掘的话，那么整个博弈可能会更加复杂，可以说真正的博弈大师往往会通过一些简单的博弈策略来掩饰自己更庞大的布局。

## 银行挤兑的破局

银行是一种非常重要的经营货币信贷业务的金融机构，在整个经济体系中发挥着重要的作用，对于社会生活的影响也很大。作为存款和放款的金融机构，当银行信用度不断下降时，就会产生一些破产的流言，这些流言往往拥有很强的传播性，直接导致大量存款人在同一时间段提取存款的现象，而这种集中式的提款无疑会进一步压缩银行的资金运转和流动空间，往往能够导致银行破产。这就是银行挤兑事件的危害，可以说银行挤兑更像是一种群体思维下制造的恐慌，银行如果处理不当就会造成巨大的危机。

银行挤兑事件可能发生在任何银行身上，但基本上都发生在商业银行身上，因为很多商业银行常常是没有国家隐性担保的，整体上不如国有银行那么稳定和强势。而商业银行也会因为资产质量和盈利能力分成两种：一种是强势的商业银行，一种是弱势的商业银行。

以相对简单的博弈模型来分析银行挤兑事件，那么银行和存款人之间存在4种策略组合：第一种是银行积极应对，存款人提取存款，这个时候银行将会面临巨大的风险和损失，存款人可能会因为银行破产而遭受损失；第二种是银行消极应对，存款人提取存款，银行同样会面临巨大的风险和损失，存款人则失去存款利息，甚至会因为银行破产而取不到钱；第三种是银行积极应对，存款人取消提前取款，而是打算到期取款，这个时候银行和存款人的收益都是最高的，谁也不用承受损失；第四种是银行消极应对，存款人打算到期取款。

按照这些策略组合的分析，当银行积极应对时，存款人的最佳策略就是选择到期取款，因为这个时候不容易发生挤兑现象。当银行采取消极应对的方式时，存款人的最优策略可以是提前取款，也可以是到期取款。

这一策略组合是针对那些有实力的商业银行的，银行的信用度比较高，实力比较强，存款人对于这类银行有更多的信心。但是对于很多弱势的商业银行来说，情况可能会有所不同，因为存款人对于银行的付款提现能力产生质疑，这个时候所有的存款人都会担心如果自己晚了一步，银行的钱就可能会被其他存款人全部取走，等到银行破产，自己可能什么也捞不到，因此自己必定会选择“提前取款”的优先策略，这样至少可以减少损失，这个时候，弱势银行往往很容易发生银行挤兑，并宣布破产。

在这里，存款人实际上会分析银行的实力，分析可能出现的挤兑现象和破产概率，这是许多存款人都会采取的策略。而除了这一策略之外，存款人还会依据银行的行动来验证自己对于银行实力的分析以及破产概率的分析是否准确。面对存款人的分析，银行有必要采用针对性的策略，比如尽量让自己变得更强，成为强势商业银行，并且应该努力向所有的存款人传递这样一个信息：“我们的盈利很好，也能够应对大家的取款”。只有给予存款人更充分的信心，存款人才不会轻易做出提前取款的策略。

在处理银行挤兑事件的时候，双方的博弈可能不是一次博弈，而是一种重复博弈，银行需要通过重复博弈建立良好的声誉。比如存款人第一次与银行进行博弈的时候，往往有两种策略：相信银行，不相信银行。当存款人不信任银行的时候，双方的合作就此终止，存款人会取出那些钱。如果选择相信银行，那么双方会进入博弈的第二阶段，这个时候银行具有两种策略：信守承诺，违约。当银行决定违约的时候，存款人的利益会受损，而银行可以相应地获得一些收益。当银行选择信守承诺来维护声誉时，双方都可以获益。在这个重复博弈过程中，存款人会先选择相信银行，相信银行会维护声誉，直到银行支撑不住而选择违约，这时存款人就会选择以后不再相信银行。在这种重复博弈中，银行的声誉会慢慢建立起来，整个金融市场会朝着良性方向发展。

不过银行想要从一开始就确保赢得存款人的信任，并一直将这种信任维持下去，那么首先就要确保控制好自己的不良资产，强化自己对于风险的管控，尽量减少高风险投资。如果一家银行有很多不良资产，就意味着其不善于进行风险管控，其在投资方面也过于随意和冒进。因此在博弈过程中，银行可以选择及时公布自己的不良资产率，存款人会依据相关的数据进行分析，评估银行的声誉。如果银行能够一直强化管控，强化不良资产率的控制，那么就能够有效地保持较高的声誉，存款人也会继续信任银行。如果银行盲目追求利润最大化而采取高风险投资，那么存款人必定会产生更多的质疑。可以说当银行的声誉比较好、不良资产率低时，存款人更倾向于选择到期取款。

在整个博弈中，存款人会按照银行的表现决定自己的行动，而银行为了赢得更多的信任，首先一定会想尽办法维持低不良资产率和较高的声誉，而且银行会尽量避免出现更多的不良资产，因为一旦失去存款人的信任，日后想要再次赢得存款人的信任，恐怕会变得更难。所以在声誉机制建立起来以后，银行会坚决维护声誉，毕竟只有这样才能保证正常营业，才能避免出现银行挤兑的现象。

此外，国家也可以进行隐性担保，建立完善的存款保险制度，从而增强存款人的信心，维护金融市场的秩序，这也能尽量减少银行挤兑现象。比如在2007年，受到美国次贷危机的影响，全球信贷市场不断紧缩，英国第五大抵押贷款机构诺森罗克银行发生了大规模的储户挤兑事件，短短5天之内，就有超过30亿英镑的资金从银行流出，而银行一共只有240亿英镑的总资产，这样的事件引起了银行的关注，储户对此也非常紧张，加上银行的股价一度下跌了70%，更大的银行挤兑事件正在酝酿。看到破产危机迫在眉睫，英国财政部、英格兰银行和金融管理局先后出面为存款账户担保，并且积极为诺森罗克银行注资，这才消除了威胁，挤兑事件慢慢平息下来。

对于整个银行挤兑事件来说，往往会造成双输的局面，存款人和银行都会遭受利益上的损失，而对于国家而言，这更是对金融市场以及金融体系稳定性的破坏，正因如此，银行、存款人和国家都需要想办法破解这样的困局，而银行更应该确保自身实力的强大，并且建立良好的声誉，尽可能维持存款人存款的信心。

## 相亲时，你会带着谁?

在相亲的时候，很多人都会带上自己的好朋友助阵，希望对方可以帮助自己在相亲时壮胆，可以帮助自己做出更好的参考。但是在很多时候，相亲的陪伴者可能会产生喧宾夺主的作用，可能会在整个相亲活动中对相亲对象的判断产生很大的影响。最现实的一个问题就是，人们不知道应该找一个什么样的朋友来陪自己相亲，从而避免朋友的言行导致自己在相亲对象面前减分。

为了解决这个难题，我们可以进行多种假设。

第一种假设，当相亲者和朋友的长相比较接近，都比较漂亮，但是谁也不占据明显的优势时，人们可以做出两种选择：第一种让朋友陪着自己，第二种自己一个人前往。在这两个策略中，第二个策略无疑最合适，因为按照第一个策略时，相亲对象可能会对相亲者和朋友进行对比，然后得出“相亲者不够突出”的结论，这样的结论会在很大程度上影响他的好感度。而运用第二个策略时，相亲对象会对相亲者的美貌留下非常好的印象，在缺少参照的情况下，他对于相亲者的印象更加深刻。

第二种假设，当相亲者和朋友都比较丑的时候，同样会做出两个策略：第一个策略是一同前往，第二个策略是单独前往。在这种情况下，选择第一个策略更为合理，因为相亲对象很容易对个人的外貌进行观察，并做出判断，当相亲者单独前往的时候，这些缺点会成为唯一的关注点，相亲对象很难建立起什么好印象。如果和朋友一起赴约，那么相亲对象可能会选择进行对比，并在对比中产生类似的想法："看起来也还好。"在这个时候，相亲对象会有意无意地去挖掘相亲者身上的某些优点，以便进一步挖掘相亲者和朋友之间的不同点。

第三种假设，当漂亮相亲者拥有一个比自己要丑很多的朋友时，这个时候依然可以制定两种策略：第一种是让朋友陪着自己，第二种是自己单独前往。第一种策略虽然能够产生对比，对于凸显相亲者的优势有一定的帮助，但是从现实的角度来分析，朋友可能未必愿意去，未必愿意在这种对比中让自己难堪，而且相亲对象也会认为相亲者是别有用心。因此采取单独前往的策略是最好的，相亲对象也能够产生不错的印象。

第四种假设，当外貌偏丑的相亲者有一个比自己漂亮很多的朋友时，虽然也有两种策略，但是多数人恐怕会直接选择单独前往，因为没有人会希望被带去的朋友的光芒压制，这样显然不利于表现自己。甚至于相亲对象可能直接将目光锁定在朋友身上，而忽略相亲者，这将会是最不好的结局。

通过对这4种假设进行分析，就会发现，当相亲者长相比较漂亮的时候，最适合自己单独赴约，如果自己的长相不佳，那么可以选择一个和自己差不多长相的朋友一同赴约。对于相亲对象来说，在没有见到真人之前，必定会对相亲者抱有很多期待和想法，尽管并非所有人都是以貌取人，但是在现实生活中，人们还是会忍不住将外貌当成评判的重要标准，相亲者必定会猜到相亲对象也会使用这样的标准。如果相亲者长得很漂亮，那么在没有外人干扰下，相亲对象容易被打动。很显然，任何人都倾向于对美好事物的追求，一个外貌不错的人，必须想办法让自己保持独立，简单来说就是在一个无参照的情况下体现出绝对的“美”的状态，这个时候贸然加入一些其他的对比可能都是不利的，美的独立性往往可以更好地吸引相亲对象的注意。

如果相亲者长相偏丑，那么为了避免第一印象不佳，最好选择一个丑朋友助阵，这样就能够形成对比，并且减少印象分的流失。考虑到人们会第一眼关注外貌，长相不佳的相亲者必定会吃亏，因为外貌上的缺陷很容易被人发现，也很容易被当成评分的一个重要标准。尽管这个人身上存在很多优点，存在很多隐性的优势，可是指望相亲对象第一眼就能够看出来，还是不现实的，相亲者自然也知道这一点。在这种情况下，相亲者应当尽量避免单独出现，应当尽量避免让自己的丑直接处于对方的评判标准之下。找一个和自己差不多丑的人，一方面可以缓冲自己外貌上的劣势，另一方面会引导相亲对象深入挖掘相亲者身上某些优秀特质。

从这一个方面来说，当自己身上的某些优势比较突出的时候，应当倾向于使用单独评价策略，这样的策略可以让自己的优势更加凸显出来，并且保持独立性，这种独立性会让自己保持更好的形象。当自己身上的某些劣势非常明显时，则要想办法使用比较评价，这样做是为了降低这些缺点的负面影响，然后在比较中挖掘出更多的优势。人们需要在不同的状态和场合下灵活运用这两个策略，确保自己做出最好的决策，确保能够影响对方做出更有利于自己的决策。

比如当一款低档汽车出现在广告中时，广告商的策略通常是选择另一款低档车进行对比，然后他们会想方设法将低档车的劣势冲淡，并且引导消费者将注意力从那些缺陷转移到某些比较出来的优势上去。当广告商给那些高档汽车打广告的时候，画面中往往只有高档汽车的身影，这个时候整个广告画面中没有任何对比，没有任何对比性的描述，高档车会以单独的形态存在，这个时候它身上所有的优势和魅力都能完整地呈现在消费者面前。简单来说，当广告商给面包车打广告的时候，必定会拿出同一级别的低档车进行对比，然后凸显面包车空间大，操控性、稳定性、安全性更高的优势。而在给法拉利汽车打广告的时候，绝对不会将兰博基尼或者布加迪威龙之类的高档车加入广告中来。

聪明的人知道如何更加完整地展示自己的优势，知道如何隐藏自己的劣势，他们会懂得在博弈中掌握好自己的思维方式，懂得如何巧妙地引导博弈对象去关注和挖掘这些优势，而非将目光停留在那些劣势上。

## 低级的赌徒是赌博，高级的赌徒就是博弈

汤姆和杰克都很喜欢看球赛，在看球的时候，汤姆打赌说A队一定会赢得最终的比赛，杰克笑着说："那可不一定，也有可能是B队赢。"汤姆于是愿意下赌注1000元，而杰克受到刺激后也表示自己会下注1000元买B队赢。这个时候，双方更像是一种赌气行为，而彼此获胜的概率都是50%。

第二次，汤姆又下注1000元买A队，但是杰克却聪明地给两支球队都下了1000元的赌注，这个时候汤姆嘲笑杰克，认为他这样做根本没有任何实质性的意义，毕竟一支球队赢球，必定意味着另一支球队输球，这样做简直是傻瓜的行为，不是一个优秀赌徒应该做的。

按照正常的理解，情况似乎正如同汤姆所说的一样，杰克的赌注注定了只能处于一个不输不赢的状态。但事实真的像人们所理解的那样吗？如果对双方的下注行为进行分析，就会发现，汤姆下注了A队，杰克分别下注了A队和B队。如果这一次的赌注只发生在两个人之间，那么情况就会

非常明了，整体的分配会更加有利于杰克。

比如汤姆花了1000元买了A队，杰克分别花了1000元买A队和B队，那么整个奖池中的奖金会达到3000元。当A队获胜的时候，汤姆和杰克会分别获得1500元的奖励，汤姆获得纯利润500元。考虑到杰克在买B队时亏损了1000元，结合他在这次下注时一共2000元的注资，杰克实际上还亏损了500元。

当B队获胜之后，汤姆的钱直接打了水漂，而杰克直接独享了奖池3000元的奖励，这个时候，扣除2000元的注资，他还净赚1000元。

如果两支队伍的实力相差不大，各自获胜的机会为50%，那么仅仅从概率的角度来分析，都可以看出随着下注次数的增多，杰克将会成为最后的赢家。比如，双方各下注2次（A队和B队各赢一次），那么汤姆将会在A队赢球时获利500元，但是接下来杰克会在B队赢球时获利1000元。在两次下注的对比中，杰克就有概率赢得500元，而被大家一致看好的汤姆反而要亏损500元。如果下注的次数增加到4次、5次、6次，甚至几十次，那么汤姆将会越输越多。自然而然这里强调的输赢都是一种概率分析，这种概率与现实还是存在差距的，因为A队可能会连赢好几次，或者B队会连赢好几次。但是这种概率分析能够指出一些现实问题，也能够指出赌博中的一些博弈技巧。虽然两个人的行为看起来是赌博，对于赌博结果也处于猜测的状态，但是杰克毫无疑问更加善于利用博弈思维来进行赌博，而不是像汤姆单纯依靠运气和猜测。

杰克的下注行为就是一种博弈，它主要建立在概率分析和数学运算的基础上，换一个角度来分析，生活中人们遇到的赌博问题实际上也可以使用一些博弈思维。许多人都喜欢用猜测、瞎蒙、运气之类的词语来形容赌博，喜欢用“一切听从天意”的态度来看待赌博行为（在没有作弊的情况下），却不知道赌博中完全可以运用博弈思维，而且运用各种科学合理的策略能够有效提升赌博的成功率。尽管现实的赌博参与人数可能更多，下注的方式和对象也比较多，内部的博弈也比较复杂，但内在的逻辑是一样的。

一些大型的赌场拥有完善的科学分析体系，他们能够对赌博的各个概率进行科学分析，然后针对不同的概率制定不同的赌博策略。比如了解各个赌博项目的参与者人数，了解各赌博项目的赔率，最终有针对性地制定策略。这也是各个赌场一直都在赢钱的原因，他们实际上拥有一个科学的分析团队和高效的博弈团队。而这一切对于单个的赌徒来说是不具备的，人们在赌博的时候可能并不清楚内在的一些逻辑和规律，除非赌博的人数不多，而且一直都是固定的，而且他们必须有长时间赌博的毅力，毕竟短期内的赌博和观察没有任何意义，只有赌博的次数多了，这些规律才会显示出来。

此外，真正善于赌博的人绝对不会盲目行事，他们对于赌博参与者，对于赌博的相关条件、相关信息、相应的规则都有很深的了解，并且会主动借助这些信息增加获胜的概率。话说有一对夫妻和一个老人打赌天气怎么样，老人先将丈夫拉到一旁，打赌说：“今天虽然天气很晴朗，但我敢打赌明天会下雨。”丈夫笑着说：“我对于天气的观察有着丰富的经验，我认为明天不会下雨，而且这几天的天气都是这样，这样吧，如果明天是晴天的话，你给我100元，如果明天下雨的话，我给你200元。”考虑到丈夫认为自己对天气很了解，这样的赌博似乎非常公平，毕竟不下雨的可能性的确要更大一些。

接下来，老人将妻子叫到一旁，笑着打赌："我认为明天不会下雨，我和你打个赌怎么样？"妻子和丈夫的观点不一样，她坚持认为明天一定会下雨，因此非常自信地说："我不认为明天是晴天，如果明天真的天晴，我给你200元，如果明天下雨，你只要给我100元就行了。"按照妻子的想法，明天一定会下雨，她并不担心会输给老人。

只要细心观察就会发现，在这两场赌博中，老人几乎立于不败之地，无论是天晴还是下雨，他都能够从夫妻二人身上赢到100元钱。

这个故事实际上从某种层面上反映出了赌场和赌徒之间的关系，因为赌徒始终都是散户，他们很少会相互沟通，形成结盟关系，他们之间的信息交流非常缺乏。因为在他们的认知模式中，赌博的目的就是从其他赌徒身上赢钱，但事实并非如此，所有赌徒要面对的真正对手是赌场，而不是其他赌徒。如果说赌徒们聚在一起赌博，依靠的是运气，那么赌场在应对赌徒时，靠的就是科学合理的博弈思维。而这就是赌博与博弈之间的内在关联性，只要把握了赌博的一些技巧和逻辑，就会意识到实际上最高效的赌博方式就是博弈。

# 后记：博弈思维的理性行动有时候也会出错

尽管博弈思维是本书一再强调的生活利器，有助于人们更好地做出选择，制定合理的决策，但是博弈思维并不是万能的，也不是绝对就可以达到自己想要的结果。在任何情况下，人们的策略都有可能会出错，以致往往无法达到自己预期的目标。

比如人的行动本身就具有一定的盲目性，这种行动可能来源于大脑的“自作主张”。神经学专家认为当大脑内部一个名为“杏仁核”的区域受到电击时，平时温和的机体会变得暴躁。同样地，当该区域的神经活动被抑制住时，原本处于暴躁状态的机体会变得温和。在社会群体中，人们的行为会受到彼此所扮演的角色和地位的影响，如果某人的社会地位高于其他人，那么当他的杏仁核区域受到刺激时，就容易对他人发起攻击；如果某人的地位低于其他人，那么即便他的杏仁核区域受到刺激，也不会轻易对他人发起攻击。可以说，大脑本身就会做出攻击选择，它们能够分辨出强弱，并以此来评估和引导自己的行为，做出最有利于自己的行动。

这些行动可能算不上多么高明，也算不上正宗的博弈思维，它更多的是一种直觉下的行动，是感性思维下的产物，很多时候是脱离理性范畴的，不过即便是一些博弈思维下的理性行动也有可能出现一些纰漏。这种纰漏主要在于人们并不是全知全能的，人们并不是绝对意义上的理性者，任何一种策略都有可能存在一些未能考虑到的状况，任何一种策略都有可能被他人利用，个人的视野和分析能力决定了理性策略也有可能会失效。

经济学家阿维纳什·K.迪克西特在分析以牙还牙的策略时，曾经这样说道："以牙还牙策略还有一些不足，最重要的是，它假设在策略执行中不会犯错误。如果参与人本来打算采取合作策略却不小心采取了背叛策略，就可能导致一连串的背叛报复行动，使得两位采取以牙还牙策略的参与人困于坏的结果。当比赛中允许随机错误时，以牙还牙策略可能被更仁慈的程序打败，这些仁慈程序允许偶然的欺骗，看看是错误还是蓄意背叛，当相信这不是错误后才进行报复。"个人行动也有可能出现失误，这种失误不是建立在错误的分析和博弈思维基础上的，而是一些意外事件和个人疏忽的影响。

由此可见，理性思维也可能因为非理性、非正规的操作产生一些问题，这些问题有时候会剥夺人们对局势的控制权，会误导人们在一些正确方向上犯错。有时候，在对他人可能实施的策略进行分析时，人们很有可能会出现一些错误，常见的就是对个人情感因素的忽视以及误解。事实上任何人都是一种情感动物，情感对于个人行为的影响不亚于理性思维，理性思维能够指导个人的行动，感情同样具有这样的影响力，人们不仅需要了解和控制自己的情感，而且还需要了解和控制博弈对象的情感。

比如一个企业家准备收购一家即将破产的工厂，按照工厂目前的处境，对方可能已经没有太多谈判的空间了，也许最多只是要求获得更多的钱罢了。企业家已经想好了，自己完全可以用200万元的资金完成收购，对方根本没有任何理由拒绝，因为除了自己出得起这个价钱，其他人根本无法提供这么好的报价。可就在谈判中，对方明确表态收购资金可以在150万~200万元，但是收购者必须将工厂里的员工全部安排进入这家企业工作。

对于收购者来说，商人的本质就是获利，只要工厂卖出了一个好价钱，那么就没有任何必要考虑其他东西了，但对于工厂厂长来说，工人的工作问题才是最重要的，这也是他创办企业的一个初衷，更是出售企业时最先考虑的问题。正因为错误地估计了厂长的为人，使得企业家在整个博弈过程中出现了偏差。

关于这一点，经济学家阿维纳什·K.迪克西特在与苏珊·斯克丝合著的《策略博弈》一书中这样说道："你不能将自己的价值体系或理性的衡量标准强加在他人身上，认为他们会在相同的情况下做出与你一样的行动。通常，每个参与人并不真正了解其他参与人的价值体系，这是现实中许多博弈存在不完全或不对称信息的部分原因。这类博弈中，试图了解对手的价值观，并试图隐藏或向对手传达自己的价值观就成了策略的重要部分。"

对他人价值观的忽视与误解，其实也是对他人情感因素的忽视，而这往往会影响个人的判断，尽管博弈者会依据个人的处境、经验、实力、目标来预测对方接下来可能采取的行动，却没有想过对方身上的情感和价值表现很有可能推翻这些理性的分析和猜测。在博弈中，人们已经越来越多地关注个人的情感表现和价值观体系，而非简单的一些身份信息和角色信息。

有时候理性思维之所以会出现错误，是因为博弈者遇到了一个更高层次的对手，因此当博弈的一方认为自己所做的所有策略都是合理的、科学的时候，没有想过对方可能会制定一个更好的策略作为应对措施。

比如欧洲某一个小城市准备引入一些大品牌的企业，麦当劳于是主动前往谈判，该城市的招商负责人提出了自己的要求：麦当劳必须在这里待上10年时间，必须确保里面的食物不会太贵，不能搞乱当地的食物价格，不能引起当地经济出现太大的波动。按照这位负责人的想法，麦当劳既要发挥出跨国企业应该有的品牌效应，但是又不能胡乱开价，扰乱当地的消费市场。麦当劳的市场部负责人同意了这些要求，但是主动提出将购买土地的使用权延长至30年，城市的负责人对此表示很高兴。

商定好之后，双方签了合同，麦当劳在城市商业圈外围选择了一块看起来还不错的地址。店铺开张之后，麦当劳的食物普遍要比欧洲其他大城市价格更低一些，而食物的分量和种类并没有减少。就这样，麦当劳很快就吸引了大量的人流。许多人都觉得麦当劳上当受骗了，它完全没有必要留在这儿做这些不挣钱的生意，现在好了，签下30年的合同，恐怕短期内是无法盈利了。

可事实并非如此，差不多10年之后，麦当劳的营业额翻了整整30倍，很多人都表示疑惑，麦当劳的食物卖得并不贵，而且成本也不低，为什么还会有这么大的盈利呢？可是仔细分析麦当劳的营业额，就会发现，2/3

以上的盈利都来自房地产。原来麦当劳在开张之后一直都在购买物业，将周边的很多商铺和物业都购买下来，而依赖着强大的经济带动效应和吸引人流效应，麦当劳在附近形成了一个庞大的商业圈，许多商家都积极主动地购买和租用麦当劳名下的物业和商铺，这使得麦当劳获得了一大笔丰厚的收入。不仅如此，由于很多人积极加盟麦当劳，它干脆将店面租给加盟商，而这又给它带来了不菲的加盟费。

这就是麦当劳全球扩张的方式，也是它立足于全球各个市场的博弈思维，可以说麦当劳并不能称之为真正意义上的快餐公司，从盈利角度来说，它更像是一家成功的房地产公司。而它与竞争对手、与当地政府、与当地消费者以及商家进行博弈时，始终隐藏自己的目标，始终隐藏自己的策略，当所有人都无法看清麦当劳的套路时，它就可以快速实现自己盈利的目标。

当麦当劳通过这种圈地、炒地的方式获得大量收益之后，这个地区的房价很快上涨，并且超出了当地政府的预期，当地的年轻人纷纷抱怨自己再也买不起房子，更重要的是随着房价的上涨，周围的所有生活用品都在涨价，整个城市陷入疯狂状态。大家纷纷抱怨政府引狼入室，而麦当劳在经营满30年之后直接走人。事实上城市负责人的初衷是好的，所制定的策略也非常科学，但是在面对麦当劳这种更高级别的博弈对手时，所有的理性策略都被对方巧妙忽视和利用了，最终给这座城市造成了一些不好的影响。

显然，当人们试图制定理性的策略时，可能会受囿于环境、视野、知识水平、博弈方式，以致在具体操作中未能达到预期的目的。或者换一个角度来说，博弈思维本身只是提供了一种让人们做出更合理决策的方法，但未必一定能够帮助人们做出最好的决策，未必能够帮助人们获得最好的结果，这是学习博弈思维的人应该注意的一点，要知道，任何一个环节出现错误，都会对人们的预测产生影响。